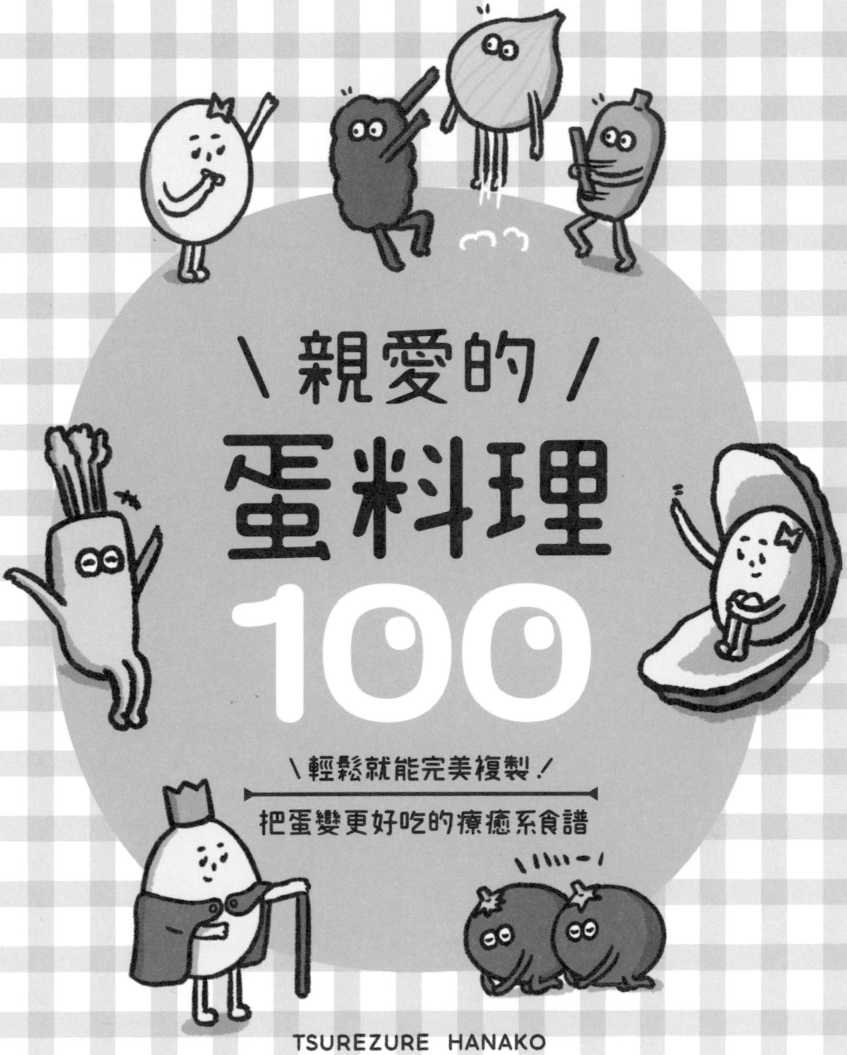

\ 親愛的 /
蛋料理100

\ 輕鬆就能完美複製！/

把蛋變更好吃的療癒系食譜

TSUREZURE HANAKO
徒然花子——著

目錄

第1章 你不知道的水煮蛋、荷包蛋、炒嫩蛋的世界！

第2章 滿滿碳水化合物！日日吃不膩的蛋食譜

第3章 雞蛋加上助攻，變身超美味料理

第4章 認識雞蛋真正美味的簡單料理

第5章

受到世界各地熱愛的雞蛋美食

合格

行事曆

第1章

你不知道的水煮蛋、荷包蛋、炒嫩蛋的世界！

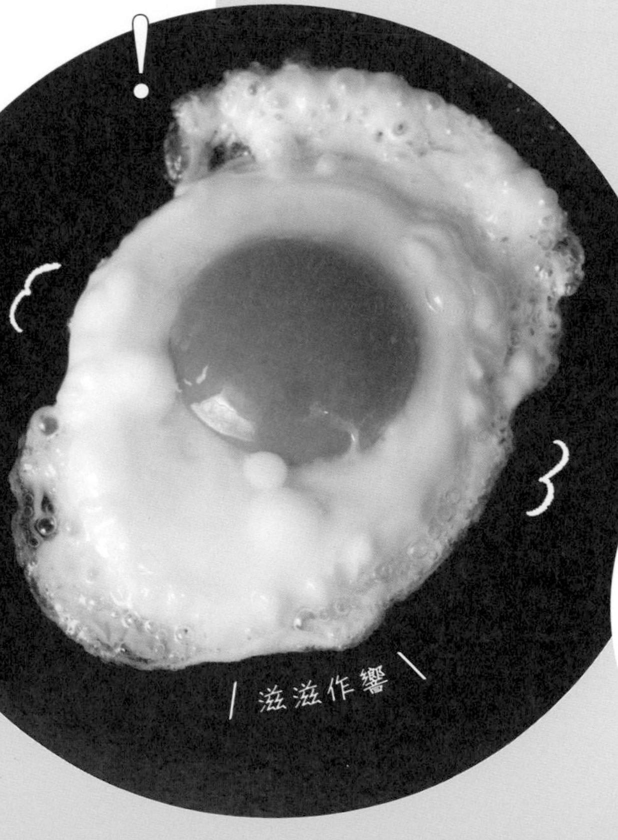

你不知道的蛋世界——
「打散」和「打勻」有差別？

各位曉得把蛋「打散」和「打勻」完全是兩碼子事嗎？只要知道何時要「打散」、何時要「打勻」，並視情況調整，煮出來的雞蛋料理不管是滋味或口感都會大不相同！

打散

用筷子進行，無須使蛋黃與蛋白完全融合，可嘗到不同的味道與口感，是做日本料理經常使用的方式。做法是把筷子貼著碗底，以「切」的方式打蛋。

↓

日式煎蛋捲　親子丼　豬排蓋飯

打勻

用打蛋器進行，必須打到蛋黃和蛋白融為一體，是做西餐時常用的方式。打蛋時不能把蛋打發，所以小心別把空氣打進蛋裡。

↓

炒嫩蛋　歐姆蛋

我敢說有八成的人用來打蛋的碗都太小！拿大一圈的碗來用，不管是打散還是打勻，都會順手許多。
○大
×小

買了蛋怎麼帶回家？

當你買了蛋要帶回家時，是不是習慣把蛋放在購物袋最上面？其實，蛋的「縱向受力」，也就是對來自上方的重量承受度最高，據說一顆蛋可耐重超過7公斤！因此，一名體重60公斤的成年人踩在一盒10顆的蛋上面，蛋也不會破。由此可知，把蛋盒放在購物袋最底下，其他食材放在上面，才是最推薦的方法！

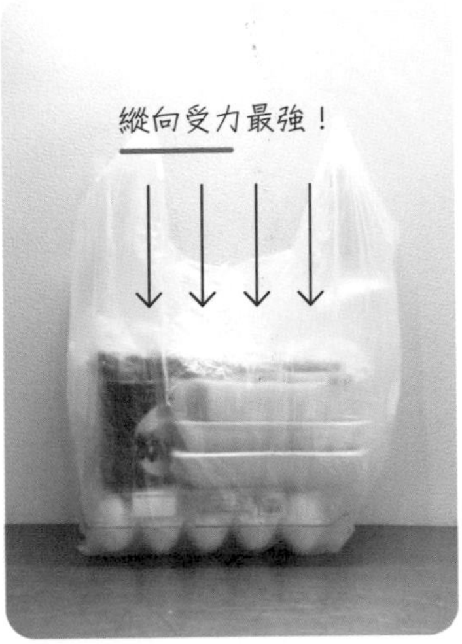
縱向受力最強！

放在最上面容易掉落！
啊！

打蛋的方法

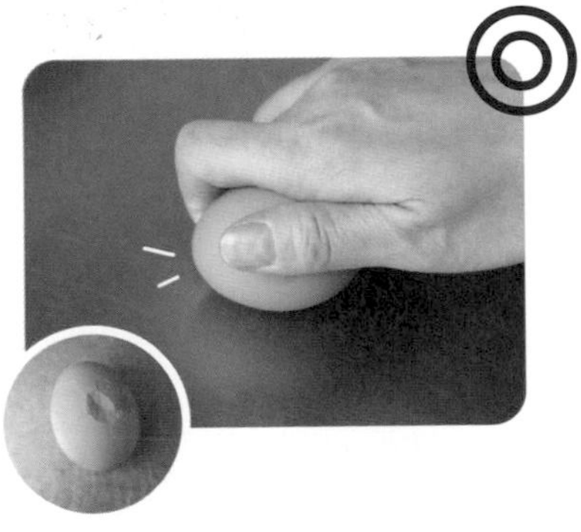

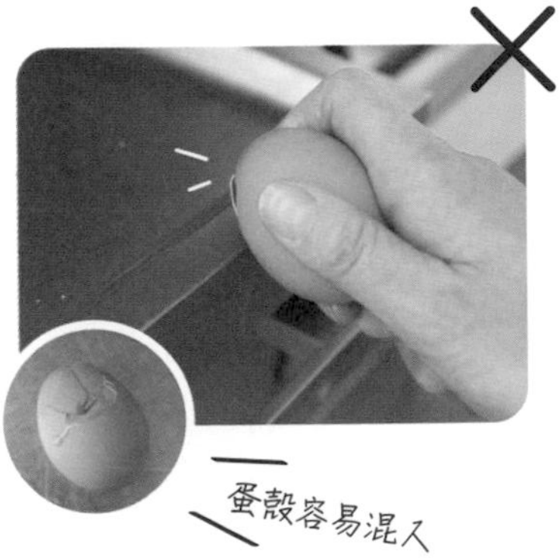
蛋殼容易混入

一般人常利用碗沿或桌角敲破蛋殼，這樣很容易使蛋殼混入蛋液。相反地，利用桌面敲破蛋殼，蛋殼內側那層膜能夠阻擋蛋殼混入蛋液。另外想提醒各位別為了耍帥，用單手敲破蛋殼！我通常是會用雙手謹慎敲蛋，才能夠與蛋建立互信關係。

動作要輕
兩隻手一起拿著，施力才會平均。
不可以敲碗沿！

水煮蛋應該煮幾分鐘？

蛋的美味與口感，取決於火力的大小與烹調方式，即使是平凡的水煮蛋，也會因為用途而有不同的水煮時間。

各位只要想想全熟蛋與半熟蛋就會明白，兩者的味道與口感完全不一樣吧？換言之，你必須先問自己，你想要怎麼吃這顆蛋，才能決定需要煮多少時間。

假如你只是想要吃一顆水煮蛋，我最推薦的就是「8分鐘水煮蛋」。選一顆尺寸較大的蛋，打洞，接著放入熱水以中火煮8分鐘。用這種方式煮蛋，你也能夠從一顆平凡的水煮蛋上嘗到各種滋味與口感。

仔細觀察蛋黃，你會發現正中央和外圍的顏色有些不同；口感也不同，外圍已經完全凝固成固體了，正中央卻是幾乎不會流動的果凍質地，顏色更是偏深的橘色，這就是8分鐘水煮蛋。

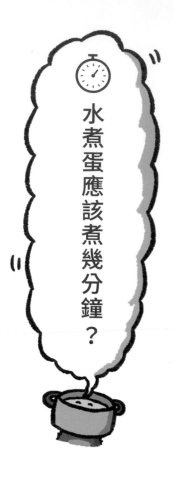

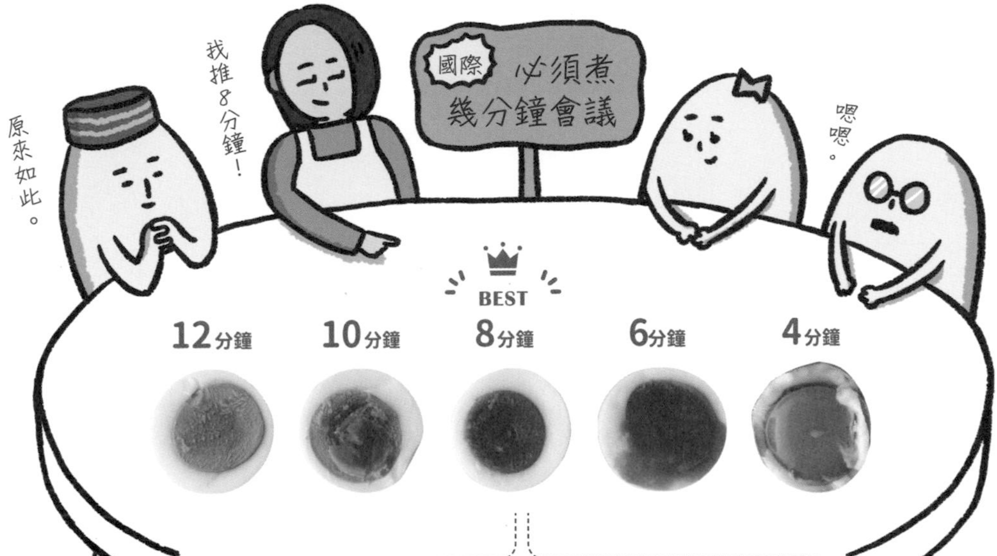
原來如此。
我推8分鐘！
國際
必須煮幾分鐘會議
嗯嗯。
BEST
12分鐘
10分鐘
8分鐘
6分鐘
4分鐘

花子發想的最強水煮蛋——

8分鐘水煮蛋

材料

雞蛋（從冰箱冷藏室取出）……4顆

1 用雞蛋打孔器在蛋的底部打洞。鍋中倒入1公升以上的熱水煮滾。

2 放入蛋（用湯杓較不易弄破），一邊用筷子攪動一邊以中火煮8分鐘。撈起瀝乾後，泡在大量冷水裡，直到蛋摸起來不燙手就完成了。

花子推薦的雞蛋打孔器*

＊注：可在蝦皮等購物網站找到。

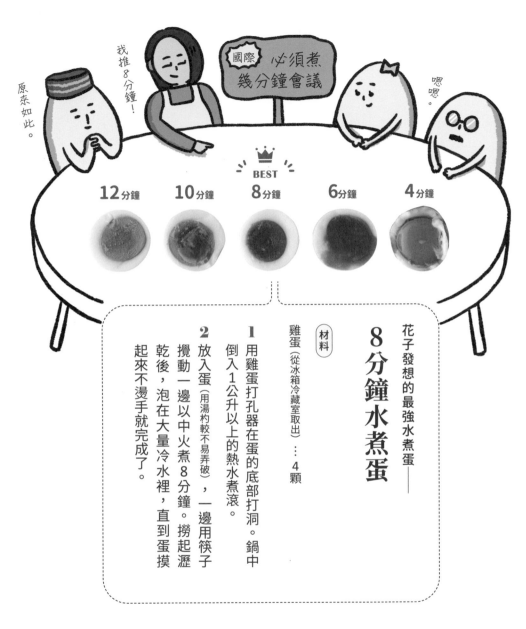

外圍與正中央的蛋黃，味道和口感皆不同

4種滷蛋

招牌滷蛋 4顆的量

醬油、味醂、白開水各3大匙、砂糖1大匙，混合後，加入8分鐘水煮蛋醃漬。

泰式滷蛋 4顆的量

魚露2大匙、蠔油1大匙、味醂3大匙、砂糖1大匙，混合後，加入8分鐘水煮蛋醃漬。

咖哩滷蛋 4顆的量

醬油、味醂、白開水各3大匙、砂糖1大匙、咖哩粉1小匙、蒜泥少許，混合後，加入8分鐘水煮蛋醃漬。

紫蘇滷蛋 4顆的量

紫蘇風味香鬆、醋、砂糖各1大匙、白開水1又1/2杯，混合後，加入8分鐘水煮蛋醃漬。

※醃漬時間分別為1小時以上。放冰箱可保存三天。

我要進去了！
水煮蛋如果只煮7分30秒，醃漬的第一天還看不出差別，隨著時間愈久，蛋黃就會逐漸變硬，入味後裡面會變稠。
請務必遵守時間規定！
我是下一個。
好緊張。
1
2
3
4
招牌滷蛋
泰式滷蛋
咖哩滷蛋
紫蘇滷蛋

不是半熟也不是全熟

雞蛋沙拉

材料 2人份

水煮蛋（8分鐘）…3顆
小黃瓜…1/2條
鹽…少許
酪梨…1/2顆
紫洋蔥…1/8顆
【沙拉醬】
—美乃滋、優格…各1大匙
—芥末籽醬…1小匙
粗粒黑胡椒…少許

1 水煮蛋切成4等份。酪梨切成2公分的小丁。紫洋蔥切成薄片。小黃瓜切薄片，抹鹽，靜置約5分鐘後，擠乾水分。

2 把【沙拉醬】材料放入盆中混合，加入其他食材大略拌勻，再撒上粗粒黑胡椒。

這是一道強調8分鐘水煮蛋優點的沙拉。藉由美乃滋把爽脆的紫洋蔥、滑溜的蛋白、黏稠的蛋黃全部合為一體。
這是馬鈴薯沙拉的水煮蛋版本。
好厲害！
大略混拌就好喔。
我的功勞可不小。

美味在口腔中綻放

水煮蛋疊疊樂的12種變化

共同的做法

水煮蛋（8分鐘）的兩端切掉約2公分，讓蛋可以直立。橫切成兩半後，在蛋上疊放其他食材。

你是在畫蛋體彩繪嗎？
從這裡切開。
吱
這種烹調方式打開了水煮蛋的無限潛力，也讓你知道水煮蛋的包容性有多高，簡直百搭，比白飯還厲害。

臭橙
珠蔥
梅子
還有我們喔

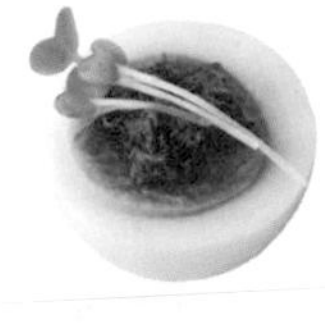
濃郁鮮美微辣！

海苔醬＋蘿蔔嬰

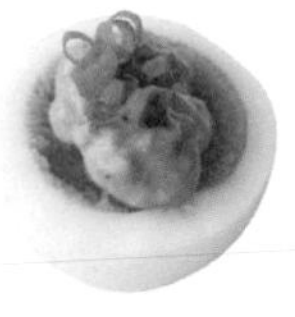
下酒菜啦，絕對適合喝酒。

鹽辛**＋珠蔥

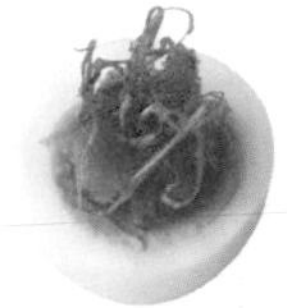
搞不好比白飯還搭！

明太子＋紫蘇葉

一點也……不酸！蛋緩和了酸味。

拍碎的梅乾肉＋柴魚片

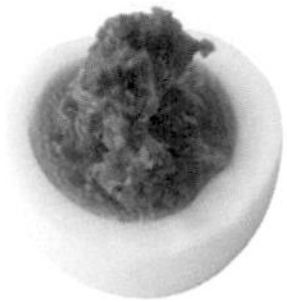
微苦鮮美，濃郁鮮美。

蜂斗菜味噌

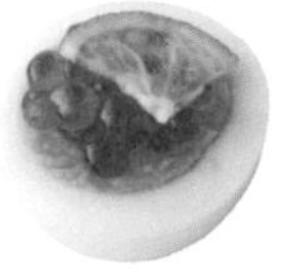
一顆顆黏稠又清爽！

鮭魚卵＋臭橙

濃郁的鮮味因蛋而變溫和。

榨菜＋櫻花蝦

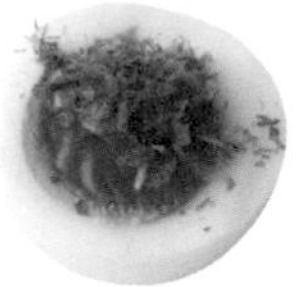
剩菜變身美味炸彈！

柴魚片＋醬油＋綠海苔粉

放進嘴裡就抵達義大利。

鹹牛肉＋美乃滋＋義大利香芹*

咬到山椒會好吃到想笑。

魩仔魚乾＋山椒

嘴裡充滿酸味與顆粒口感。

泡菜＋白芝麻

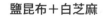

鹹香鮮脆！

鹽昆布＋白芝麻

＊注：又稱洋香菜。

＊＊注：日本的海鮮醃製品。

做法簡單卻很適合招待客人

魔鬼蛋的9種變化

共同的做法

水煮蛋（9分鐘）縱切成兩半，把蛋黃和蛋白分開，將蛋黃放入盆中用湯匙壓碎，蛋白切碎後加入盆中，再加入其他切碎的食材。

把蛋白和蛋黃分開，加入其他材料混合，聽起來有點恐怖對吧？不過，拿出勇氣加進去攪拌後，不僅簡單的水煮蛋變得很華麗，也更添風味。

大人的味道！

拌入 鯷魚＋檸檬汁＋橄欖油
疊上 檸檬

給小孩吃的版本可拿掉檸檬和蒔蘿。

拌入 鱈魚子＋檸檬＋橄欖油
疊上 蒔蘿

適合當日本酒的下酒菜。

拌入 魩仔魚＋柚子胡椒＋橄欖油
疊上 珠蔥

家裡有剩下的橄欖，可以試試這個！

拌入 拌入黑橄欖＋火腿＋芥末籽醬
疊上 義大利香芹

脆脆的口感令人上癮。

拌入 紫蘇醬菜＋美乃滋
疊上 白芝麻

美妙的螃蟹滋味足以讓你忘了它只是蟹肉棒。

拌入 蟹肉棒＋山葵＋醬油
疊上 紫蘇

蘿蔔嬰能夠融合所有風味。

拌入 罐頭鮪魚＋味噌
疊上 蘿蔔嬰

人人都可接受的經典款！

拌入 煙燻鮭魚＋美乃滋
疊上 皺葉巴西利

水煮蛋變身為葡萄酒的下酒菜。

拌入 番茄乾＋橄欖油
疊上 起司粉

蛋上加蛋的夢幻美食

水煮蛋佐法式蛋黃醬

材料 2人份

水煮蛋（6分鐘）……2顆

【鯷魚美乃滋】

蛋黃……1顆的量

美乃滋……2大匙

罐頭鯷魚（切碎）……2片

粗粒黑胡椒……適量

1 混合【鯷魚美乃滋】的材料。

2 水煮蛋放在盤子裡，淋上鯷魚美乃滋，最後撒上粗粒黑胡椒。

鯷魚可以提味。
呵呵。
6分鐘水煮蛋有濃稠的蛋黃。
眼前突然一片橘？
將水煮蛋的千變萬化發揮到極致的一道菜！換個溫度和烹調方式，就可以有這麼多種變化，水煮蛋的潛力果然驚人！

雞蛋不分貴賤！

人們一聽到我說喜歡雞蛋，總會問我：「妳喜歡哪個牌子的雞蛋？」坊間的確有許多講究的品牌蛋，當我有機會買到那些蛋時，也不會吝於花錢。

但事實上，我最常吃的還是普通的雞蛋，也就是我家附近超市賣的，一盒（10顆）198日圓（約新台幣45元）的產品。這種價位的雞蛋就已經很好吃了，我反而更想問——這世上有難吃的雞蛋嗎？我認為，雞蛋最驚人的地方就是平均水準都很高。

我每天都會檢查家裡冰箱的雞蛋庫存，因為天天都吃蛋（我會用眼角確認還剩下幾顆）。我家冰箱固定備有十顆生蛋、十顆水煮蛋、十顆滷蛋等，只要一發現數量低於五顆，就會開始不安緊張——「我必須、必須去買蛋了！」這症狀算是雞蛋上癮？

我的早餐吃炒嫩蛋，午餐吃培根蛋麵，點心是水煮蛋，下酒菜是番茄炒蛋、蟹絲芙蓉蛋……一天三顆蛋是一定要的；如果一人份的料理用上兩顆蛋的話，我一天甚至會吃到六顆蛋。過去「為了避免膽固醇過高，一天最多吃兩顆蛋」等觀念已經過時了，現在的說法是「想吃多少蛋就儘管吃」。我很慶幸自己活在現代。

在外Q內嫩的水煮蛋外面裹上酥脆炸衣，再淋上濃稠的芡汁，各種口感在嘴裡化開！記得油炸溫度要夠高，才能夠炸得酥脆。
濃〜稠
脆！

放在白飯上也超美味

芡汁油炸水煮蛋

材料 2人份

水煮蛋（6分鐘）…2顆

【麵衣】

—炸粉…5大匙

—白開水…4大匙

【芡汁】

—高湯…1又1/2杯

—醬油、味醂…各1大匙

—片栗粉*…1小匙

糯米椒…2根

酥炸粉、食用油、白蘿蔔泥、薑泥…適量

1 把【芡汁】的材料全部放入鍋中，以小火加熱煮到變稠。糯米椒劃上幾刀，避免油炸時炸裂。混合【麵衣】的材料。

2 水煮蛋沾上酥炸粉，裹上麵衣，以180℃的油炸2~3分鐘，炸到酥脆為止。糯米椒直接乾炸，不用裹粉。

3 把炸好的水煮蛋、糯米椒盛盤，淋上芡汁，旁邊放白蘿蔔泥、薑泥。

＊注：片栗粉在臺灣的商品名稱包括片栗粉、日本太白粉、馬鈴薯澱粉等。

裹上兩片肉，
好溫暖。

肉、蛋、甜鹹調味，有誰會討厭這種組合！

照燒肉捲蛋

材料 2人份

水煮蛋（6分鐘）…4顆
豬梅花肉片…8片（160公克）
紫蘇葉…4片
【照燒醬】
—醬油、味醂、料理酒…各2大匙
砂糖…1小匙
—薑泥…1塊*的量
沙拉油…2大匙
片栗粉…適量

1 豬肉片在砧板上攤平，其中一面撒上薄薄一層片栗粉。對切成兩半的紫蘇葉、水煮蛋橫放在肉片上，從底端捲起。一片肉捲完後，轉90度，放在另一片肉上捲起，遮住水煮蛋的頭尾兩端。

2 捲好肉片的水煮蛋抹上片栗粉。平底鍋以中火加熱沙拉油，把肉的封口朝下放入鍋中煎，不時滾動直到肉全部上色。

3 拿廚房紙巾吸走平底鍋內多餘的油脂，倒入混合好的【照燒醬】，繼續煎煮，直到肉全裹上醬汁並出現光澤。

捲一捲就是一道美食，不管是蛋或肉都很好用！
肉要用兩片喔。

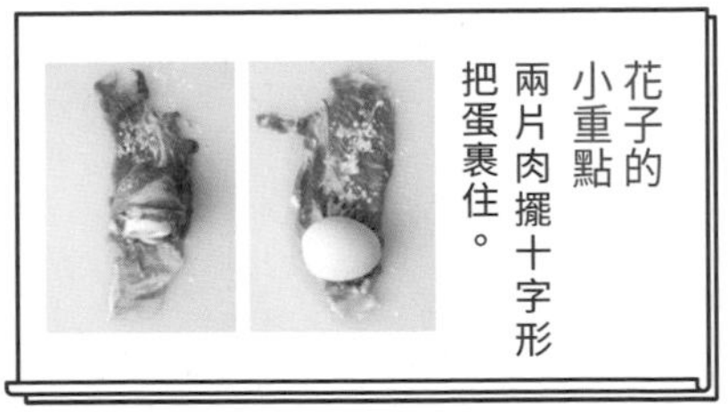
花子的小重點
兩片肉擺十字形把蛋裹住。

再幫我多捲一片！

＊注：日本食譜中的「薑一塊」約15公克。

可以嘗到多種口感與滋味，這才是最棒的蛋料理

炸荷包蛋

材料　1人份

雞蛋…1顆
沙拉油…1大匙
鹽…少許

1 以小平底鍋（19公分）開中火熱油。等油熱了，把蛋打入熱油裡。不要蓋上鍋蓋。

2 轉極小火慢慢煎3～4分鐘，等到蛋白從透明變成白色，蛋黃底下約1/3變熟，邊緣變成焦黃酥脆，最後撒上鹽。

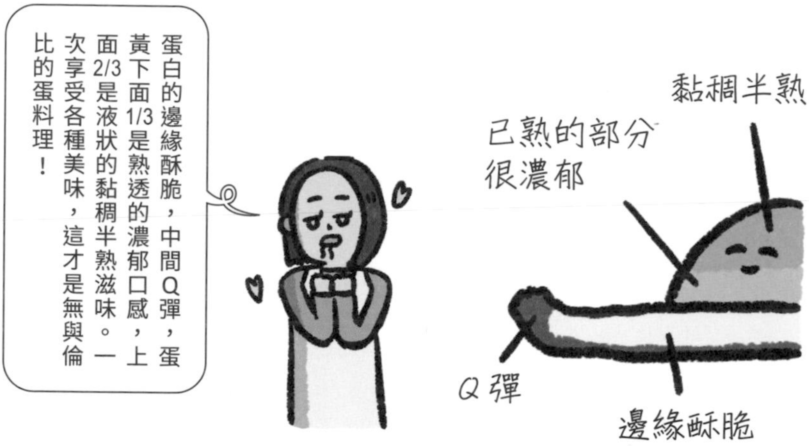

黏稠半熟
已熟的部分很濃郁
Q彈
邊緣酥脆
蛋白的邊緣酥脆，中間Q彈，蛋黃下面1/3是熟透的濃郁口感，上面2/3是液狀的黏稠半熟滋味。一次享受各種美味，這才是無與倫比的蛋料理！

我會加油！

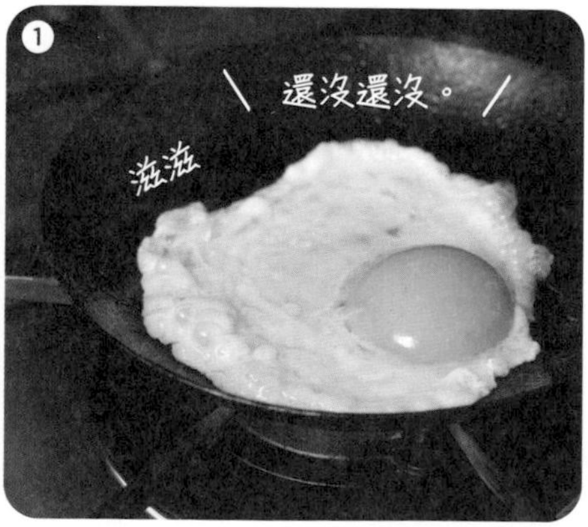

1
還沒還沒。
滋滋

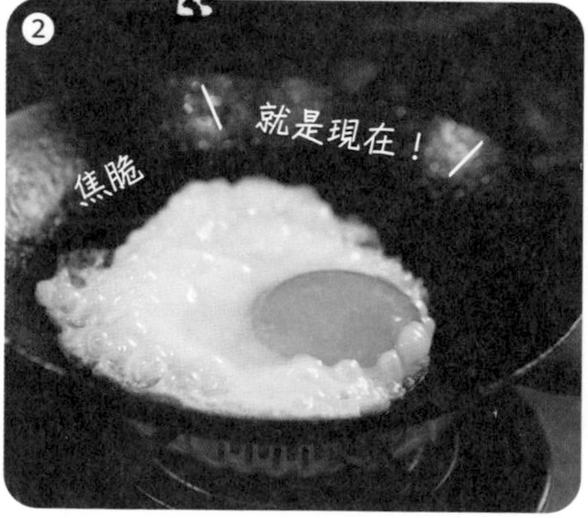

2
就是現在！
焦脆

花子的雞蛋料理起點！從小吃到大的好味道

半月荷包蛋

材料 1人份

雞蛋⋯1顆
火腿⋯1片
起司片⋯1片
橄欖油⋯1/2大匙

1 將火腿片和起司片分別對切成兩半。

2 平底鍋以中火加熱橄欖油，把蛋打入鍋中，煎大約1分鐘，接著用鍋鏟弄破蛋黃，把火腿片和起司片疊放在半邊蛋上，從中間把蛋對折成半圓形，兩面各煎1～2分鐘。

除火腿和起司之外，還推薦放上鱈魚子、罐頭鮪魚、蟹肉棒等！這道菜也很適合帶便當。不加料改用照燒醬，放在白飯上最美味。
冷掉也好吃喔。

\ 在家也能品嘗日本的道地美味。 /

優雅且令人眼睛一亮的好滋味

蔥鹽隨便煎蛋捲

材料 1人份

雞蛋：2顆
青蔥蔥花：5公分的量
白開水：2大匙
鹽：1/2小匙
砂糖：1/2小匙
味醂：1大匙
沙拉油：1大匙

1 雞蛋拿筷子用切拌的方式打散，加入水、鹽、砂糖、味醂、蔥花。

2 小平底鍋（19公分）以中火加熱沙拉油，一口氣倒入蛋液，拿矽膠鍋鏟從外圍往中央慢慢攪拌蛋液，等到蛋液全部凝固，就大略撥到鍋子一側。

3 維持煎蛋的厚度並調整外型，把兩面都煎熟。

耐熱矽膠鍋鏟
19公分
平底鍋
這回用平底鍋，不是用玉子燒煎鍋（或稱日式煎蛋捲鍋），快速調整外型時一定要用矽膠鍋鏟。使用不沾平底鍋煎蛋捲時，如果蛋會沾鍋，就表示不沾塗層有受損，要換鍋子了。

加了高湯，蛋變得更多汁

高湯煎蛋捲

材料　1人份

雞蛋…2顆
高湯…1/2杯
砂糖…2小匙
醬油、片栗粉…各1小匙
沙拉油…適量

煎蛋捲是日本的文化！與歐姆蛋不同，可以嘗到「雞蛋層層堆疊的美味」。等到煎蛋捲的技巧更熟練後，就可以逐漸增加高湯的用量。

1 拿筷子將雞蛋用切拌的方式打散，加入用醬油溶開的片栗粉、砂糖、高湯。在小碗裡裝油，並準備折好的廚房紙巾。

2 玉子燒煎鍋以中火熱油，拿折好的廚房紙巾把熱油抹開，倒入部分蛋液，讓蛋液佈滿鍋中。

3 煎約30秒後，趁蛋還半熟時，從鍋子前側把蛋捲起，捲好後把蛋往前推，再次用折好的廚房紙巾沾油抹在鍋中，倒入部分蛋液，掀起煎好的蛋捲讓蛋液流入底下，接著重複前面步驟，直到蛋液用完。

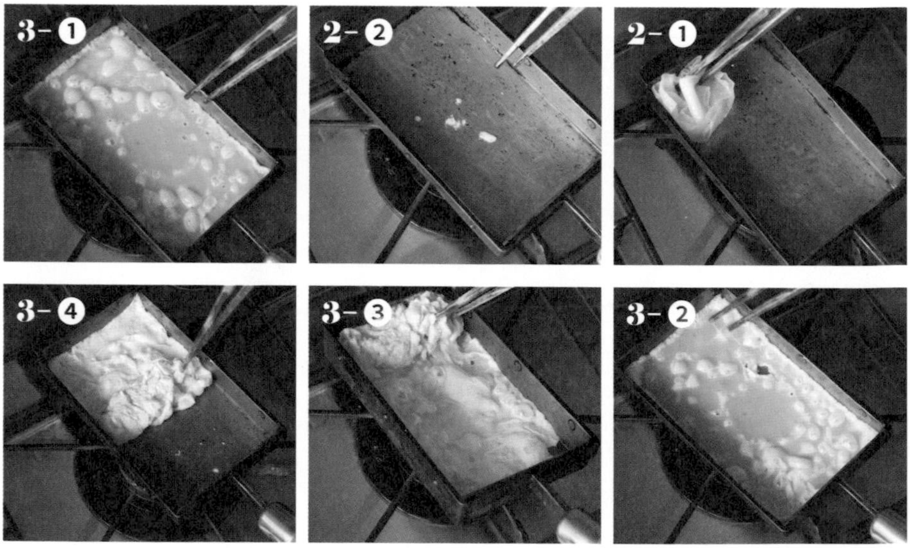
2-①
2-②
3-①
3-②
3-③
3-④

捲起來很好玩。

哇
我捲
我捲

停下
滾動
滾動
我努力練習就是為了這天。

什麼是「基本款煎蛋捲」？

聽到「煎蛋」，你會想到的是帶便當的煎蛋捲？還是熱呼呼又鬆鬆軟軟、一咬下就會滲出湯汁的高湯煎蛋捲？從烹調方式來看的話，「荷包蛋」、「歐姆蛋」、「炒嫩蛋」等也屬於「煎蛋」的一種。很難想像這世界上居然有「蛋」這種食材，光是改變調味方式和煎法，不加其他材料，也能夠變化出多種滋味和口感。

其中，我要介紹的是「便當中的煎蛋捲」。這種煎蛋捲是日本獨創的雞蛋料理，用玉子燒煎蛋鍋製作。我原本以為我家的煎蛋捲就是一般常見的基本款調味，所以當我發現煎蛋捲的調味家家戶戶都不同時，簡直不敢相信。

這件事情發生在小學參加遠足時。我喜歡參觀朋友的便當，這樣就可以知道「他們在家都吃些什麼」，所以一到中午，便到處去看班上同學的便當，結果打聽他們在吃的煎蛋捲才發現——「我家的加了很多糖，很甜（跟甜點差不多）」、「我家是醬油口味的（的確是褐色）」、「我家的只加鹽（啥？）」。相較之下，我家的煎蛋捲通常是「鹽＋味醂（還有大量蔥花）」，我這才知道原來我家的調味方式是少數派……

每一家的調味都不同，但是都很好吃。你呢？你們家的「基本款煎蛋捲」是什麼味道？

軟綿綿是這種感覺嗎？
蠕動蠕動
先做好開動的準備。
享用濃稠口感的炒嫩蛋之前，必須先做好萬全準備，才可以動手煎蛋，而且要在快到適當熟度的前幾秒就關火，起鍋後立刻開動。不然，等蛋煎好才烤吐司，就太遲了！
用麵包舀起來吃。

不是醬也不是烘蛋「舀起來吃的蛋」

軟綿綿炒嫩蛋

材料 1人份

雞蛋：2顆

動物性鮮奶油（或牛奶）：2大匙

奶油：20公克

鹽：少許

喜歡的麵包：適量

1 雞蛋用打蛋器完全打勻，加入鮮奶油、鹽，拌勻成蛋液。

2 小平底鍋（19公分）以小火加熱奶油，等到奶油融化約一半，一口氣倒入全部蛋液。

3 平底鍋在瓦斯爐上前後晃動，同時用矽膠鍋鏟小幅度攪拌混合。離火之後，蛋液會繼續靠餘溫加熱，所以必須在濃稠狀態時關火盛盤，旁邊放上麵包。

裡面加了奶油喔！
超棒。
簡簡單單最美味。
流～出來
想要把形狀做得漂亮，唯有不斷地練習。像廚師一樣咚咚敲打平底鍋也是一個方法，用矽膠鍋鏟翻捲成型或許更簡單。
看起來好好吃。
吸口水

雞蛋、奶油、鮮奶油，簡單就是美味！

鬆軟歐姆蛋

材料 1人份

雞蛋…2顆
動物性鮮奶油（或牛奶）…2大匙
鹽…1撮*
奶油…10公克

1 雞蛋用打蛋器完全打勻，加入鮮奶油、鹽，拌勻成蛋液。

2 小平底鍋（19公分）以小火加熱奶油，等到奶油融化約一半時，一口氣倒入全部蛋液。

3 平底鍋在瓦斯爐上前後晃動，同時用矽膠鍋鏟小幅度攪拌混合。離火，用矽膠鍋鏟輕輕刮下黏在四周的蛋皮。

4 平底鍋向前傾，把蛋由後往中央折起約2/3。

5 平底鍋往後傾斜，把蛋由前往中央折起，再把歐姆蛋推向前，拿矽膠鍋鏟利用鍋子的弧度調整形狀。

6 用矽膠鍋鏟一口氣把歐姆蛋翻面，封口朝下，以大火加熱，煎到封口密合後盛盤，蓋上廚房紙巾調整形狀。

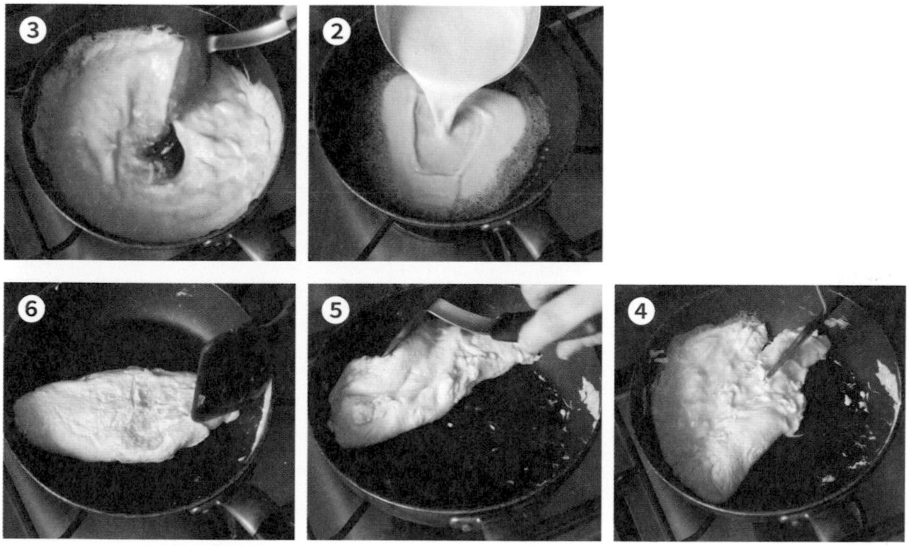

*注：日本食譜中的1撮，通常是指用拇指、食指、中指捏起來的量。

把內餡夾入，不是混合

復古風歐姆蛋

材料　2人份

雞蛋…3顆
牛奶…1大匙
牛豬綜合絞肉…100公克
洋蔥…1/8顆
青椒…1/2顆
片栗粉…1小匙
【調味料】
─料理酒、醬油…各1/2大匙
─砂糖…1小匙
沙拉油…1大匙

1 雞蛋以筷子用切拌的方式打散，加入牛奶混合。

2 洋蔥、青椒切粗末。

3 將1/2大匙的沙拉油倒入平底鍋，以中火加熱，放入洋蔥炒到透明後，再加入絞肉炒到變色，接著放入片栗粉。全部炒勻後，加入青椒、【調味料】混合，起鍋裝在容器裡。

4 平底鍋大略洗過之後，以中火加熱剩下的沙拉油，接著一口氣倒入全部的蛋液煎到半熟，再把**3**炒好的料放在靠近身體這一側，把蛋對折後盛盤。

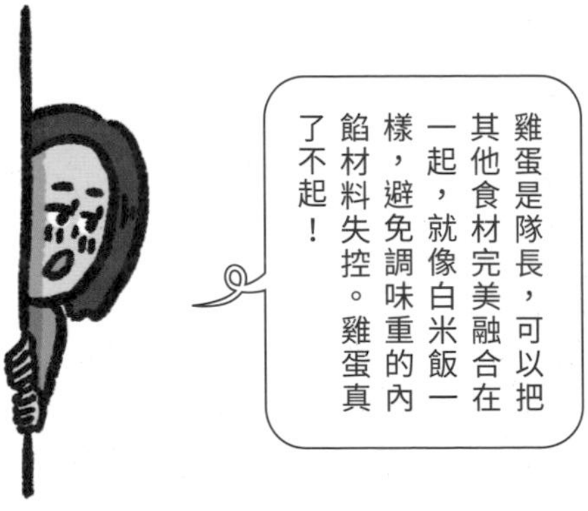
雞蛋是隊長，可以把其他食材完美融合在一起，就像白米飯一樣，避免調味重的內餡材料失控。雞蛋真了不起！

重點
內餡材料
放在這半邊！

享受外表蓬鬆，
裡面軟綿綿的口感～
嗶
跳
跳
揮舞
揮舞
夾進去

第2章

滿滿碳水化合物！日日吃不膩的蛋食譜

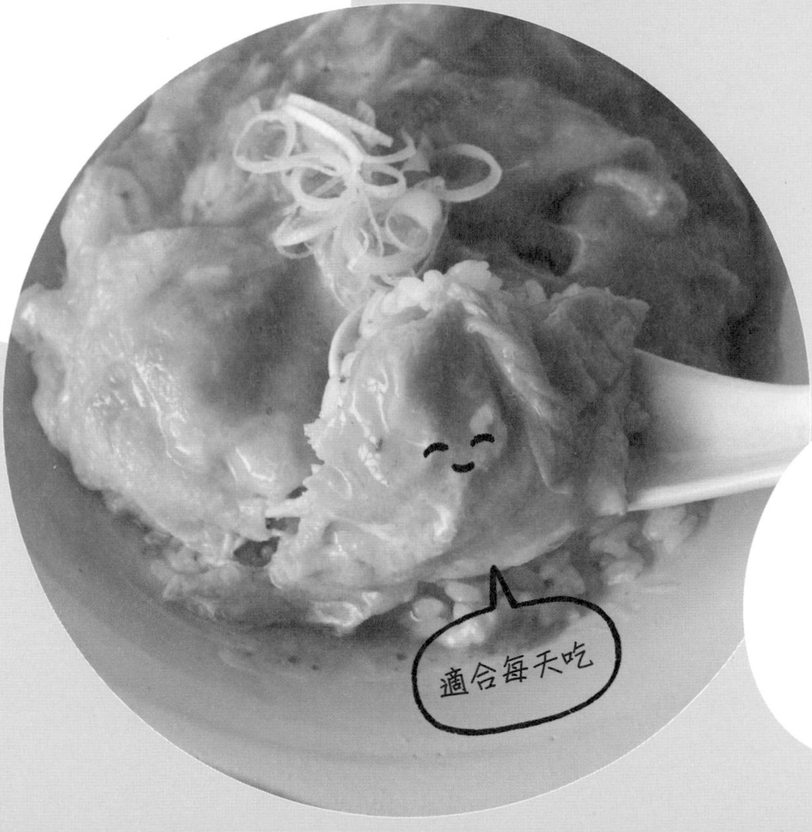

可愛的帽子
蛋黃流出來
平常很少吃漢堡的人，一到秋天也會不自覺想吃月見堡吧。這是充滿秋意的雞蛋料理！

一到秋天就想吃

自製月見堡

材料 3人份

【漢堡肉餅】
牛豬綜合絞肉：250公克
麵包粉：2大匙
牛奶：1大匙
雞蛋（小一點的）：1顆
鹽：1/4小匙
胡椒、肉豆蔻粉（可省略）：各少許

沙拉油：1大匙
白開水（做肉餅用）：1/4杯
培根：2片

【荷包蛋】
雞蛋：2顆
沙拉油：1大匙
白開水：2大匙

【奧羅拉醬*】
美乃滋、番茄醬：各2大匙

漢堡麵包：2個
奶油：10公克

1 麵包粉浸泡牛奶。在盆中放入絞肉，加入鹽攪拌到產生黏性後，再加入雞蛋、麵包粉、胡椒、肉豆蔻粉拌勻，分成2等份，用雙手來回拋摔以拍掉空氣，壓扁成比漢堡麵包大一圈的肉餅。

2 平底鍋以中火熱油，放入切成兩半的培根大略炒過後取出，把肉餅放入平底鍋，煎約2分鐘，翻面再煎約2分鐘，加水，蓋上鍋蓋，繼續煎約5分鐘，直到水分收乾。

3 拿另外一個平底鍋以中火熱油，把蛋打入，趁著蛋凝固之前，盡量用矽膠鍋鏟把蛋調整成漢堡麵包的大小。接著加水，蓋上鍋蓋煎約3分鐘，直到蛋黃表面出現白膜為止。

4 用小烤箱加熱漢堡麵包後，剖開抹上奶油，下層的麵包放上肉餅、歐羅拉醬、培根、荷包蛋，最後蓋上上層麵包。

*注：奧羅拉醬（Aurora sauce）是一種簡單的奶油法式番茄醬，非常適合搭配魚、肉、雞蛋、蔬菜或調味意大利麵。

好多泡泡
做出如同丸龜製麵的
好味道。
泡泡
趁熱拌勻喔。
泡泡

大口喝下打發的蛋汁！

蛋拌烏龍麵

材料 1人份

雞蛋⋯1顆
醬油⋯1大匙
冷凍烏龍麵⋯1球
珠蔥蔥花⋯適量
薑泥⋯適量
柴魚片⋯適量

1 把蛋打進碗裡，用筷子打散，加入醬油，大略拌成蛋液。

2 冷凍烏龍麵按照外包裝的標示水煮後，趁熱放入裝蛋液的碗裡拌勻。

3 放上蔥花、薑泥、柴魚片，最後稍微攪拌後享用。

這道料理的主角是蛋液的泡泡！
你知道這道料理要吃的是什麼嗎？就是「泡泡」。與煮麵水混合後，蛋液會變出更多泡泡！

如果是自製的蛋包飯，裡面包的飯就能夠有很多選擇，比方說，各種炒飯、紫米飯等都是很棒的搭配喔。
煎得很完美。
番茄啊，把頭抬起來。
遵命。
雞肉炒飯更能突顯美味。

番茄味很懷舊

經典蛋包飯

材料 1人份

雞蛋…2顆
片栗粉…1小匙（用1小匙白開水溶開）
去骨雞腿肉…50公克
洋蔥…1/8顆
番茄醬…3大匙
鹽、胡椒…各少許
熱白飯…140公克
橄欖油…1又1/2大匙
番茄醬（裝飾用）…適量

全熟的蛋皮與炒過番茄醬的雞肉炒飯堪稱是最佳拍檔，可以互相突顯出美味。蛋液裡加入片栗粉，煎蛋皮就不容易弄破了。

1 雞蛋用打蛋器完全打勻，加入片栗粉水混合均勻成蛋液。雞肉去皮，切成1.5公分的雞肉丁。洋蔥切粗末。

2 平底鍋以中火加熱1大匙的橄欖油，放入雞肉、洋蔥快炒。等到所有材料都裹上油，把它們推到鍋中一角，在空出來的地方倒入番茄醬炒約1分鐘，炒到有點焦之後，加入旁邊的材料一起炒，再添入白飯，一邊把飯壓散一邊炒，最後撒鹽、胡椒便起鍋。

3 平底鍋洗好擦乾後，以中火加熱剩下的橄欖油，等油熱了就轉小火，一口氣倒入全部的蛋液，快速轉動鍋子，讓蛋液佈滿鍋底，蓋上鍋蓋關火燜約2分鐘。放上雞肉炒飯，折起蛋皮兩側包住飯，拿盤子蓋住平底鍋，翻面把蛋包飯倒出來。最後蓋上廚房紙巾調整形狀，淋上番茄醬。

搭配咖哩抓飯享用

軟嫩蛋包飯

材料　1人份

雞蛋⋯2顆
牛奶⋯1大匙
德國香腸⋯2條
洋蔥⋯1/8顆
青椒⋯1/2顆
甜椒（紅）⋯1/8顆
咖哩粉⋯1小匙
鹽⋯1/4小匙
熱白飯⋯140公克
橄欖油⋯1大匙
奶油⋯5公克
義大利香芹切末⋯適量

1 雞蛋用打蛋器完全打勻，加入牛奶成蛋液。將德國香腸切小段，洋蔥、青椒、甜椒切粗末。

2 平底鍋以中火加熱橄欖油，放入德國香腸、洋蔥、青椒、甜椒快炒。炒到全部材料裹上油之後，再加入白飯，一邊把飯壓散一邊炒，加入鹽、咖哩粉拌勻後盛盤。

3 平底鍋洗好擦乾後，以中火加熱奶油，等到奶油融化約一半時，一口氣倒入全部的蛋液，拿矽膠鍋鏟從外圍往中央慢慢攪拌蛋液，煎到半熟狀態時，倒在咖哩抓飯上，最後撒上一點義大利香芹。

請記住，雞蛋一定要半熟！這道料理的蛋，與其說是配菜，更像是醬一樣的口感。攪拌後與咖哩抓飯融合在一起，大口吃下最美味！
拍到獨家照片！
啪沙
把蛋當成醬。

這道料理跟日本的生蛋拌飯很像吧！這道是義大利麵加雞蛋，撒上起司；生蛋拌飯則是熱白飯加雞蛋，淋上醬油。看，這兩者有異曲同工之妙！
用力撒
最嚮往的義大利
記得撒起司粉喔

品嘗用餘溫把蛋變麵醬的醍醐味

培根蛋麵

材料 1人份

雞蛋…1顆
蛋黃…1顆的量
起司粉…1大匙
鹽…1/4小匙
培根…2片
橄欖油…1/2大匙
喜歡的圓直麵（推薦用2mm以上的粗麵）…80公克
起司粉（裝飾用）…1大匙
粗粒黑胡椒…適量

1 雞蛋用打蛋器完全打勻，加入蛋黃、起司粉、鹽混合。

2 培根切成1公分寬。平底鍋以中火加熱橄欖油炒培根，連同炒出的油脂一起加入打蛋的容器裡。

3 義大利麵按照外包裝的標示水煮，瀝乾後加入打蛋的容器裡，趁熱盡快翻攪混合，等到麵變濃稠就可以盛盤。

4 再撒上大量起司粉、粗粒黑胡椒，即完成。

義大利單身男人都會做的經典料理

窮人義大利麵（荷包蛋義大利麵）

材料　1人份

雞蛋⋯2顆
起司粉⋯1大匙
橄欖油⋯2大匙
鹽⋯1/4小匙
喜歡的圓直麵（推薦用2mm以上的粗麵）⋯80公克
起司粉（裝飾用）⋯1大匙

1 平底鍋熱油，打入蛋，煎成兩顆荷包蛋。其中一顆趁著蛋黃半熟時取出。

2 剩下的一顆兩面都要煎熟，再以木鍋鏟大略弄碎。加入2大匙義大利麵的煮麵水、鹽、起司粉，混合後關火。

3 義大利麵按照外包裝的標示水煮，在規定時間到的前一秒起鍋，加入**2**裡混合後，盛盤，放上蛋黃半熟的荷包蛋，最後撒上大量起司粉。

只要你有堅強的意志力，把蛋黃當沾醬、蛋白當配菜，人生就會更豐富！
雞蛋神
感謝你

也太誇張

療癒、好吃又簡單！
蛋同時是配料
也是沾醬。

跟荷包蛋不同，可嘗到烤蛋的美味

火腿蛋奶醬烤吐司

材料 1人份

吐司（厚度2公分）⋯1片
火腿⋯1片
美乃滋⋯擠一圈
雞蛋（小）⋯1顆
芥末籽醬⋯1大匙

1 火腿切成4等份。吐司放在大一圈的鋁箔紙上，用鋁箔紙把吐司側面也圍住，避免烤焦。

2 吐司中央用湯匙壓出一個凹洞，抹上芥末籽醬，四周擠上美乃滋圍起來。在凹洞內放入火腿、打蛋進去。

3 放入小烤箱，烤到美乃滋變焦黃色，蛋黃是喜歡的熟度即可。

美乃滋直接對著火烤。
轟轟

火腿分成4等份
①
②
③
④

花子的小重點

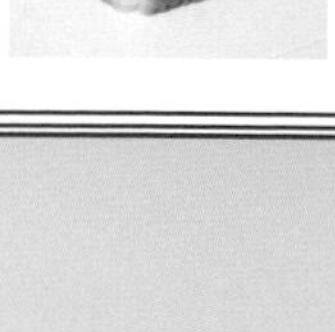

用湯匙在吐司上壓出凹洞來裝蛋，蛋就不會流到外面去。

肚子餓時，兩個人吃恰恰好

天空之城吐司

（荷包蛋吐司）

材料 1人份

吐司（厚度2公分）…1片
奶油…5公克
雞蛋…1顆
橄欖油…1/2大匙
鹽…少許

1 平底鍋以中火熱油，打蛋進去，不需蓋鍋蓋，轉小火煎2～3分鐘，直到蛋白從透明變成白色、蛋黃半熟。

2 吐司烤過後，均勻抹上奶油，放上荷包蛋，再撒點鹽就完成了。

可以兩人共享喔。
我吃這道吐司時，總在想：「人類都吃些什麼呢？」肚子一餓，我就會想到宮崎駿的動畫《天空之城》。有人陪你一起，吃什麼食物都好吃！
有人一起分享，什麼都覺得好吃。
來——

滋味和口感全都不一樣！

4種雞蛋沙拉三明治

蛋沙拉三明治

材料 2人份

水煮蛋（10分鐘）…3顆
美乃滋…2大匙
黃芥末、鹽、胡椒…各少許
吐司（去邊）…4片

1 水煮蛋縱切成兩半，將蛋黃和蛋白分開，蛋黃放入盆中用湯匙壓碎，加入切碎的蛋白混合，再加入美乃滋、黃芥末、鹽、胡椒混合。

2 把**1**放在吐司中央堆高，蓋上另一片吐司之後，切成4等份的三角形。

這是東日本的雞蛋三明治。黏稠的滋味超好吃！製作時建議使用沒烤過的吐司，口感更鬆軟。

美式經典BLT三明治

材料 2人份

雞蛋…2顆
培根…2片
萵苣葉…2片
番茄…1/4顆
橄欖油…1大匙
吐司（厚度1.5公分）…4片
美乃滋…4大匙
芥末籽醬…1大匙

1 平底鍋以中火加熱橄欖油，打蛋進去，不蓋鍋蓋，轉小火煎2～3分鐘，直到蛋白從透明變成白色、蛋黃半熟。

2 培根切成兩半，用平底鍋煎過兩面。將萵苣撕碎，番茄切薄片並去籽。

3 吐司烤過後，一面抹上美乃滋、芥末籽醬，疊上培根、荷包蛋、番茄片、萵苣葉，蓋上另一片吐司，縱切成2等份。

享受蛋白與蛋黃的風味、萵苣的爽脆與吐司的口感！

美乃滋搭
柚子胡椒是關鍵！

海苔先生
請多指教

厚煎蛋三明治

材料 2人份

雞蛋…4顆
高湯…1杯
片栗粉、醬油…各2小匙
砂糖…1大匙
沙拉油…適量
烤海苔（長21公分×寬19公分）…1/2片
吐司（去邊）…4片
美乃滋…4大匙
柚子胡椒…1小匙

1 雞蛋拿筷子用切拌的方式打散，加入用醬油溶開的片栗粉、砂糖、高湯。烤海苔切成兩半。

2 小平底鍋（19公分）以中火加熱沙拉油，一口氣倒入全部的蛋液。拿矽膠鍋鏟從外圍往中央慢慢攪拌蛋液，等到蛋液全部凝固，就大略撥到鍋子一側，分成2等份，把兩面煎熟。

3 吐司的一面抹上美乃滋、柚子胡椒，疊上烤海苔、煎蛋捲，蓋上另一片吐司，再縱切成4等份。

這是西日本的雞蛋三明治。可品嘗溼潤的雞蛋搭配柚子胡椒的風味。

歐姆蛋三明治

材料　2人份
雞蛋……4顆
牛乳……2大匙
鹽……少許
奶油……20公克
吐司（去邊）……4片
番茄醬……4大匙
芥末籽醬……1大匙

1 雞蛋用打蛋器徹底打勻，加入牛奶、鹽，拌勻成蛋液。

2 小平底鍋（19公分）以中火加熱奶油，等到奶油融化約一半時，一口氣倒入全部的蛋液，拿矽膠鍋鏟從外圍往中央慢慢攪拌蛋液，煎到凝固後推到一邊，分成2等份，把兩面煎熟。

3 吐司烤過後，一面抹上番茄醬、芥末籽醬，放上歐姆蛋，蓋上另一片吐司，切成4等份的三角形。

切成三角形
也很可愛。

歐姆蛋鬆軟且充滿奶油香，吐司烤得焦香後組合在一起。

鬆軟

甜、鹹、甜、鹹的滋味

奶油蛋三色飯

材料 2人份

【炒蛋鬆】
雞蛋…2顆
砂糖…2小匙
料理酒…1小匙
鹽…1撮
奶油…10公克

【雞肉肉燥】
雞腿絞肉…160公克
薑泥…1塊的量
料理酒、砂糖、醬油…各1大匙
片栗粉…1小匙

【炒青椒】
青椒…1顆
沙拉油…1小匙
鹽…少許

熱白飯…2飯碗的量
紅薑…適量

1 雞蛋拿筷子用切拌的方式打散，加入砂糖、料理酒、鹽混合，均勻拌成蛋液。小平底鍋（19公分）以小火加熱奶油，等到奶油融化約一半時，一口氣倒入全部的蛋液，以筷子頻繁攪拌，避免炒焦，炒到變成蛋鬆。

2 在冷平底鍋裡放入【雞肉肉燥】的所有材料，混合均勻後以中火炒到肉變色為止。

3 青椒切細絲。平底鍋以中火加熱沙拉油炒青椒，撒鹽。碗裡裝入白飯，放上蛋鬆、雞肉肉燥、炒青椒、紅薑。

或許有人以為主角是雞肉肉燥，但只放肉僅會有鹹味，讓人覺得少了什麼。有了蛋的甜味反而更突顯肉的美味。

我可是主角。

我是這次擔任配角的雞肉肉燥。
青椒也不能少喔。
最重要的是甜味。

大量的生韭菜末是關鍵！

肉燥乾拌麵

材料　2人份

蛋黃…2顆的量
豬絞肉…200公克

【調味料】
蠔油、紹興酒(或料理酒)…各1大匙
醬油…1/2大匙
砂糖…2小匙
片栗粉…1小匙
豆瓣醬、五香粉(可省略)…各1/2小匙
蒜泥…1粒蒜仁的量
薑泥…1塊的量

韭菜、珠蔥…各4根
海苔絲、柴魚片…各適量
中華麵(粗麵)…2球

【中華麵調味】
醬油、麻油…各1小匙

1 在冷平底鍋裡放入絞肉，加入所有【調味料】的材料，用筷子混合均勻。接著，等到絞肉吸收調味料之後，以中火加熱，炒到肉變色為止。

2 韭菜切成5公分寬。珠蔥切蔥花。在容器裡放入【中華麵調味】的材料，拌勻。

3 中華麵按照外包裝的標示水煮後瀝乾，裝進**2**的容器裡大略拌過。把其他材料放在麵上，並在肉燥上擺生蛋黃，攪拌均勻後即可享用。

花子的小重點

肉燥需要先把調味料加入冷肉裡混合好再炒，炒出來才會多汁。

肉燥簡直是將美味昇華的
靈魂食材。
要攪拌均勻喔

做麵就交給我。
轉動
轉動
頭好暈啊。

這道料理就是溫柔的具體表現

滑蛋燴飯

材料 1人份

雞蛋：2顆
鹽、胡椒：各少許

【鹽味芡汁】
雞粉*（顆粒）：1/2小匙
鹽、砂糖：各1/4小匙
片栗粉：1大匙
（用1大匙料理酒或白開水溶開）

白開水：1/4杯
沙拉油：2大匙
熱白飯：1飯碗的量
青蔥蔥花：3公分的量

1 雞蛋拿筷子用切拌的方式打散，加入鹽、胡椒拌勻成蛋液。把【鹽味芡汁】的材料全部放入小平底鍋（19公分），以小火煮到變稠。在碗裡盛飯。

2 拿另一個平底鍋以中火加熱沙拉油，等到油熱了就一口氣倒入全部的蛋液，拿矽膠鍋鏟從外圍往中央慢慢攪拌蛋液，煎到半熟狀態時倒在飯上，最後淋上芡汁，放上蔥花。

雞蛋子，小心摔下來啊。
這道料理可發揮油×蛋的實力。鬆軟的蛋淋上芡汁，白飯也浸泡在其中，變成滑順柔軟的口感在嘴裡擴散。

＊注：市售的商品名稱包括鮮味雞粉、純味雞粉、雞湯粉等。

學會滑蛋之後，
又多了一個好選擇。
熱呼呼
我跳
我跳
要趁著半熟
倒在飯上喔。

炸油用量和溫度都需要鼓起勇氣，才能開出蛋花

朋友說：「花子，有餐廳會做蝴蝶飛舞炒飯，要不要去看看？」聽到這麼神祕的介紹，於是我便跟著朋友一起去了這家位在涉谷的人氣中華料理連鎖餐廳。店內的吧檯座位前面就是瓦斯爐，穿白色廚師服的大哥像在跳舞般前後左右甩動中華炒鍋，我心想：「傳說中的蝴蝶飛舞是指這個嗎？」

我馬上點了炒飯，只見那位大哥在中華炒鍋裡倒入大量的油，那個用量令人咋舌，一人份大約用了1/4杯，幾乎是「油炸」的水準。等油一冒煙，大哥立刻倒入蛋液，蛋液瞬間在鍋中膨脹，開出「蛋花」。

接著他加入白飯和蔥花等，才短短1～2分鐘就完成這道炒飯。米飯晶亮，炒得粒粒分明，雖然簡單卻很好吃！還有蓬鬆的蛋塊，提醒我它的存在感。

既然如此，也應該試試店裡的蟹絲芙蓉蛋吧。我們加點後，就看到廚師跟剛才一樣，把蛋液倒入大量的熱油中，同樣一眨眼便炒出了蓬鬆的圓形烘蛋，淋上鹽味芡汁上桌，真是精彩！仔細想想餐廳的炒飯、蟹絲芙蓉蛋，與家裡做的有什麼不同就會發現，與其說是火力，更重要的是油的用量，而且是加熱到高溫的熱油。我想很多人對於用大量的油做菜會有罪惡感，但製作中式的雞蛋料理時，請務必要以「1/4杯」油為單位。

第3章

雞蛋加上助攻，變身超美味料理

不是番茄也不是蛋的「超美味料理」

番茄炒蛋

材料 2人份

雞蛋…3顆・番茄…2顆

【調味料】

砂糖…1小匙

鹽、雞粉（顆粒）…各1/2小匙

胡椒…少許

麻油…2大匙

1 雞蛋拿筷子用切拌的方式打散，加入【調味料】混合均勻成蛋液。番茄切滾刀塊。

2 平底鍋以中火加熱1大匙麻油，一口氣倒入全部的蛋液，拿矽膠鍋鏟從外圍往中央慢慢攪拌蛋液，趁著蛋液大部分還是液狀的半生狀態時，倒回容器裡。

3 平底鍋以中火加熱剩下的麻油，炒番茄，炒到番茄變軟爛，再把半生蛋倒回鍋中，拌炒約30秒，即可盛盤。

這頂帽子也可愛。
番茄和雞蛋都很軟爛。

在半熟狀態時倒回容器裡。
重點在於番茄和雞蛋要炒到口感同樣軟爛，所以步驟2絕對別嫌麻煩，要好好遵守喔！

在恰到好處的時候關火

我認為烹調雞蛋料理真的需要很小心，加熱溫度和時間只差一度或一秒，蛋就會變成不同的狀態，因此，每次都需要相當專注才行。當中，尤其困難的是「餘溫」問題。

當你覺得「這就是我想吃的狀態」才關火，往往已經太遲，等你盛盤開動時，雞蛋早就在自己本身的餘溫持續加熱下變得過熟。因此，製作雞蛋料理需要逆推時間，在「還需要10％左右的熟度」就必須離火。

更困難的是「先起鍋，再放回平底鍋裡與其他食材拌炒」的料理；必須考慮到放在一旁靜置時，餘溫仍會繼續加熱，還有再度放回熱騰騰的平底鍋裡炒……所以最後我採用的方式是，在「半生」狀態時起鍋——也就是有一半的蛋已經凝固，而剩下的仍然是蛋液。

這樣做出來的雞蛋料理真的熟度剛剛好，否則炒出來的蛋會太乾，或與其他食材各自為政，無法融合。沒錯，中菜的蛋不可以炒到全熟。

話是這麼說，實際情況還是要依個人喜好，或許有些人就是喜歡比較老的蛋，那也無妨，只要找到你滿意的烹調方式即可。

不僅熱量低，
而且營養又健康喔！
又脆又軟
拔起
黑木耳好可愛

鬆脆口感的對比

黑木耳炒蛋

材料 2人份

雞蛋…3顆

黑木耳…10公克

【調味料】

砂糖…1小匙

鹽、雞粉（顆粒）…各1/2小匙

胡椒…少許

薑絲…1塊的量

青蔥斜切薄片…5公分的量

紹興酒（或料理酒）…1大匙

醬油…1/2大匙・麻油…2大匙

1 雞蛋拿筷子用切拌的方式打散，加入【調味料】混合均勻。黑木耳泡水還原後，切成方便入口的大小。

2 平底鍋以中火加熱1大匙麻油，一口氣倒入全部的蛋液，拿矽膠鍋鏟從外圍往中央慢慢攪拌蛋液，趁著蛋液大部分還是液狀的半生狀態時，倒回容器裡。

3 平底鍋以中火加熱剩下的麻油、薑絲，炒青蔥和黑木耳。加入料理酒、醬油繼續炒，再把半生蛋倒回鍋中，拌炒約10秒，即可盛盤。

蛋有明顯的蛋味且口感鬆軟，黑木耳沒有味道但口感脆，雙方互相陪襯，也是一種不同類型的合作。
呵呵

鬆軟濃稠又美味

甜鹹雞肉餅溫泉蛋

材料 2人份

溫泉蛋（市售）…2顆
雞絞肉…200公克
鹽…1/4小匙
嫩豆腐…1/3塊
青蔥切末…8公分的量
薑泥…1塊的量
料理酒、片栗粉…各1大匙
糯米椒…4根
【甜鹹醬】
料理酒、醬油、味醂…各2大匙
砂糖…1大匙
沙拉油…1大匙

1 雞絞肉加鹽後充分攪拌，加入用手捏碎的豆腐，再放入薑泥、料理酒、片栗粉，均勻混合後加入蔥末，拌勻捏成橢圓形肉餅。再將它與【甜鹹醬】混合。

2 平底鍋以中火熱油，放入肉餅，蓋上鍋蓋煎約2分鐘後翻面，加入糯米椒繼續煎2分鐘。

3 加入**1**混合好的【甜鹹醬】，煮到全都裹上黏稠醬汁後盛盤，最後放上溫泉蛋。

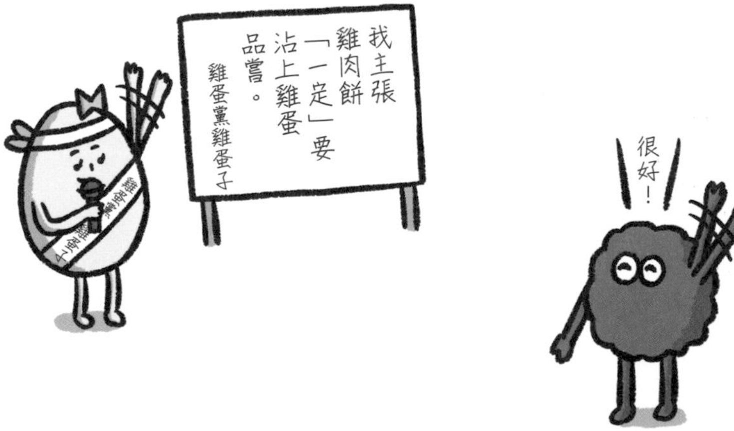

我主張
雞肉餅
「一定」要
沾上雞蛋
品嘗。
雞蛋黨雞蛋子
很好！

雞肉餅甜鹹的口感
相當開胃。
加油！
蛋黃流出來
的溫泉蛋

甜鹹調味的肉裹上濃郁的蛋汁

滷牛筋溫泉蛋

材料　2人份

溫泉蛋（市售）…2顆
牛肉片…150公克
洋蔥…1/4顆
板豆腐…1/2塊
【滷汁】
醬油、味醂…各2大匙
砂糖…1大匙
高湯…1杯
七味辣椒粉…適量

1 將洋蔥切絲。板豆腐縱切成兩半後，切成1公分厚的片狀。

2 鍋中放入【滷汁】材料，以中火加熱慢慢燉煮。

3 等待2煮滾後，把牛肉片一片片攤開加進去，等到再次煮滾，撈掉雜質，加入洋蔥、板豆腐，以小火煮約10分鐘。

4 盛盤，放上溫泉蛋，撒上七味辣椒粉即完成。

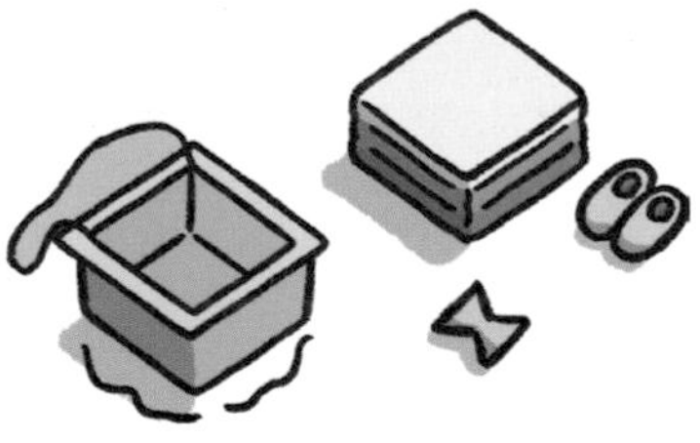

這道料理只適合使用溫泉蛋。因為溫泉蛋不會太軟爛也不會太硬，有凝固的蛋白，搭配重口味或辣味，都會轉化成溫和順口的滋味。

給你滿滿的飽足感。

搭配溫泉蛋
更順口。

辣辣的味道用蛋調和

麻婆豆腐溫泉蛋

材料 2人份

溫泉蛋(市售)…2顆
嫩豆腐…1塊
豬絞肉…100公克
青蔥切粗末…1/2根的量
薑末…1塊的量
蒜末…1粒蒜仁的量

【調味料】
甜麵醬(或味噌)、豆豉(切碎，如果有)、
紹興酒(或料理酒)…各1大匙
砂糖…1小匙
豆瓣醬…1～2小匙

白開水…1又1/2杯
片栗粉…1大匙(用2大匙白開水溶開)
沙拉油…1大匙

1 嫩豆腐切成1.5公分的小丁。【調味料】的材料混合均勻。

2 平底鍋以中火熱油，放入絞肉炒到變色，加入薑末、蒜末拌炒，倒入**1**混合好的【調味料】、水，煮到沸騰後，再放入嫩豆腐繼續煮5分鐘。

3 加入蔥末、片栗粉水勾芡後盛盤。最後放上溫泉蛋，即完成。

熱騰騰好下飯的麻婆豆腐，輕鬆就能征服所有人的胃。
辣味配雞蛋剛剛好。

用雞蛋包裹蟹肉棒的美味

糖醋蟹絲芙蓉蛋

材料 2人份

雞蛋…4顆
蟹肉棒…6根（60公克）
香菇…1朵
青蔥…10公分

【糖醋芡汁】
番茄醬…2大匙
砂糖、醋…各1大匙
片栗粉…1/2大匙（用1大匙白開水溶開）
雞粉（顆粒）…1/2小匙

沙拉油…1大匙

1 將蟹肉棒撕成粗條，香菇切薄片，青蔥切粗末。雞蛋拿筷子用切拌的方式打散，加入蟹肉棒、香菇、青蔥混合成蛋液。

2 將【糖醋芡汁】的材料在容器裡混合。

3 小平底鍋（19公分）以中火熱油，一口氣倒入全部的蛋液，拿矽膠鍋鏟從外圍往中央慢慢攪拌蛋液，煮到半熟時盛盤。

4 快速將平底鍋洗乾淨之後，放入**2**【糖醋芡汁】的材料，以中火煮到變稠，淋在蛋上，即完成。

因為鍋子還有餘溫的關係，將蛋液盛盤後要立刻將準備好的糖醋芡汁放入平底鍋中，接著煮30秒即可。
螃蟹先生，這樣你懂了嗎？
30秒
是、是的。
別煮太老喔。

在中國很常見的清爽內餡！

蛋鬆小黃瓜餃

材料 2～3人份

雞蛋…2顆
雞粉（顆粒）…1/2小匙
小黃瓜…1條
青蔥…1/3根
鹽…少許
蠔油…1/2大匙
餃子皮…20片
水…1/4杯
沙拉油…1大匙

1 雞蛋拿筷子用切拌的方式打散，加入雞粉混合成蛋液。平底鍋以中火加熱1/2大匙沙拉油，接著一口氣倒入全部的蛋液，以筷子頻繁攪拌，避免炒焦，炒到變成蛋鬆後放涼。

2 將小黃瓜切薄片後撒鹽，靜置約5分鐘後擠掉水分。青蔥切粗末。

3 將**1**的蛋鬆、小黃瓜、青蔥混合成內餡，加入蠔油，用餃子皮包起。

4 剩下的沙拉油倒入冷平底鍋裡潤鍋，放入包好的餃子，以中火煎約2分鐘，等到底部稍微變乾，倒水並蓋上鍋蓋，燜煎到水分幾乎不剩再打開鍋蓋，繼續煎到餃子變焦黃即可。

小黃瓜的爽脆、雞蛋的鬆軟、餃子皮的Q彈，通通在嘴裡大遊行。

別說我是配角喔。
好的。

蛋包肉

口味偏重，冷了也好吃，適合帶便當

義式奶油檸檬豬

材料 2人份

雞蛋…2顆
豬梅花肉片…8片（200公克）
鹽、胡椒…各少許
櫛瓜…1條
起司粉…4大匙
義大利香芹切末…2大匙
橄欖油…1大匙
麵粉…適量

1 雞蛋拿筷子用切拌的方式打散，加入起司粉、義大利香芹混合成蛋液。豬肉片撒鹽、胡椒，折成一口的大小，再抹上麵粉於表面。櫛瓜切成1公分厚的圓片後，沾上麵粉。

2 平底鍋以中火熱油，將豬肉片、櫛瓜裹上蛋液，放入鍋中煎。煎到兩面都熟了，如果蛋液還有剩，就拿豬肉片、櫛瓜裹第二次蛋液，再次煎熟。

噗噗噗？
謝謝
豬先生，謝謝你。穿上蛋衣就不會乾柴，口感鬆軟而且份量十足！

一到春天一定要吃

俾斯麥蘆筍蛋

材料　2人份

蘆筍…8根
雞蛋…1顆
起司粉…2大匙
橄欖油…1大匙
粗粒黑胡椒…少許
鹽、橄欖油（裝飾用）…各適量

1 用削皮刀刮掉蘆筍根部3公分的表皮。平底鍋煮滾熱水，放入鹽和蘆筍，水煮約2分鐘。

2 平底鍋以中火熱油，打蛋進去，不蓋鍋蓋，轉小火煎2~3分鐘，直到蛋白從透明變成白色、蛋黃呈半熟狀。

3 蘆筍盛盤，放上荷包蛋，撒點起司粉、黑胡椒，淋上橄欖油。享用時，將蛋黃搗碎，用蘆筍沾著吃。

嘿咻！
春天就吃這個。
半熟最適合你。

這道料理是德國前首相的最愛，因此以他的名字命名。我自己也很喜歡。製作時必須秉持堅定的意志，保持蛋黃半熟喔。

用吸飽高湯的豆皮輕輕包裹雞蛋

口袋蛋

材料 2人份

雞蛋…4顆
油炸豆皮…2片
山椒粉…適量

【滷汁】
高湯…1又1/2杯
醬油、味醂…各1大匙
砂糖…1/2小匙

1 將油炸豆皮放在砧板上，用筷子擀過，較容易製造出口袋。雞蛋分別打在4個小碗裡。油炸豆皮切成兩半，各倒入一顆蛋，再用牙籤封口。

2 在能夠容納油炸豆皮的小鍋子裡倒入【滷汁】材料，以中火加熱到沸騰後，放入油炸豆皮，蓋上鍋蓋煮約6分鐘，關火再靜置約2分鐘後盛盤，最後撒上山椒粉，即完成。

袋子裡很溫暖。

看不到前面……

花子的小重點

用油炸豆皮裝生蛋時，可以先把蛋打進小碗，再倒入豆皮內。

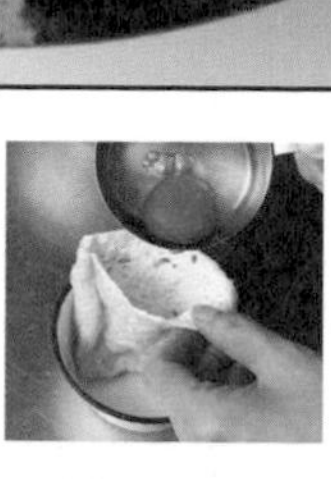

享受炸物的美味

東南亞風炸蛋飯

材料 1人份

雞蛋：1顆

【東南亞風醬】

魚露、檸檬汁：各1大匙

砂糖：1小匙．蒜泥：少許

紅辣椒切小段：1條的量

香菜根切小段：1支的量

炸油：適量．熱白飯：1飯碗的量

香菜葉：1支的量

1 將【東南亞風醬】的材料混合均勻。

2 平底鍋內倒入約2公分高的炸油，加熱到180℃，把事先打在其他容器裡的生蛋從靠近油面的位置輕輕倒入油裡，用筷子或鍋鏟阻止蛋白散開，炸到上色為止。

3 把炸好的蛋放在白飯上，淋醬汁，放上香菜葉，即完成。

別炸太老喔。
花子小姐，炸成這樣如何？
咳
咳
你炸太久了！

蛋白酥脆、蛋黃濃郁，超美味！與炸油堪稱絕配。也建議搭配白蘿蔔泥＋醬油享用。

剖面美到令人著迷

蘇格蘭蛋

材料 2人份

水煮蛋（6分鐘）…2顆
牛豬綜合絞肉…200公克
鹽…1/2小匙・洋蔥…1/8顆
肉豆蔻粉、肉桂粉（可省略）…各1/4小匙

【麵糊】
一麵包粉、牛奶…各2大匙・雞蛋（小）…1顆

【淋醬】
一番茄醬…2大匙・伍斯特醬…1大匙

麵粉、蛋液、麵包粉、炸油、芥末籽醬…各適量

1 分別混合【麵糊】、【淋醬】的材料。洋蔥切末。牛豬綜合絞肉加鹽充分攪拌，再加入【麵糊】、肉桂粉、肉豆蔻粉、洋蔥末混合。

2 將**1**混合好的【麵糊】分成2等份，分別包住2顆水煮蛋，依序沾上麵粉、蛋液、麵包粉，當作麵衣，完成蘇格蘭蛋。

3 平底鍋內倒入約3公分高的炸油，加熱到180℃，放入蘇格蘭蛋油炸。盛盤，加上淋醬、芥末籽醬，即可享用。

完美的剖面。
多汁的肉帶有肉桂和肉豆蔻的香味，加上半熟的水煮蛋。如果少了蛋，肉就只是普通的肉，兩者結合在一起才是最強料理。
這裡面有蛋？
藏在肉裡面喔。

第4章

認識雞蛋真正美味的簡單料理

不用過度醃漬就很美味，
即使醃漬過頭還是一樣好吃

醬醃蛋黃

材料 2人份

蛋黃…2顆的量
醬油、味醂…各2小匙
喜歡的生魚片(烏賊、白肉魚等)、紫蘇葉…適量

1 將醬油和味醂混合均勻，放入一個小碗裡。

2 蛋黃輕輕放入小碗，靜置30分鐘以上醃漬。在另外一個容器裡擺上紫蘇葉、喜歡的生魚片，再放上醃漬好的蛋黃。拌勻後享用。

黏呼呼
這道料理吃的是滲透壓。蛋黃脫水後，可嘗到其他雞蛋料理沒有的黏稠感。當然也適合放在飯上！
掰掰
東張西望
蛋白去哪兒了？

湯裡開了蛋白花

蛋花湯

材料　2人份

蛋白……2顆的量
高湯……2又1/2杯
醬油……1小匙
鹽……1/2小匙
薑汁……1塊的量
片栗粉……1小匙（用2小匙白開水溶開）

1 蛋白拿筷子用切拌的方式打散。以鍋子加熱高湯，加入醬油、鹽。

2 片栗粉水加入高湯裡勾芡。

3 蛋白順著筷子慢慢加入鍋中，不要立刻攪動，等蛋白浮上來，再加入薑汁，攪動一次後即可盛盤。

用片栗粉勾芡後再加入蛋白，才會有雲朵的口感。一倒入蛋白就攪拌的話，湯會變混濁，所以必須等蛋白自動浮上來再攪動。
像雲朵一樣蓬鬆。
呼——
原來蛋白在這裡。
鬆鬆軟軟

粒粒分明！鬆軟綿密！

青蔥蛋炒飯

材料　1人份

雞蛋…1顆
青蔥…1/4根
醬油…1小匙
雞粉（顆粒）…1/4小匙
鹽、胡椒…各少許
熱白飯…160公克
沙拉油…1大匙

1 雞蛋用筷子打散成蛋液。長蔥切粗末。

2 平底鍋以中火熱油，一口氣倒入全部的蛋液，立刻把白飯放在蛋上，用木鍋鏟一邊混合一邊炒到鬆散。

3 加入鹽、胡椒、雞粉、青蔥拌炒，起鍋前沿著鍋邊淋上一圈醬油，即完成。

粒粒分明喔。

雞蛋子小姐，我們又見面了。
壁咚
白飯先生♡

我不想干擾畫面，所以只以聲音出現，炒飯能夠變得粒粒分明，全都是雞蛋裹在米粒上的功勞，因此雞蛋要在炒熟之前與白飯混合。

花子

少了蛋黃就只是普通的生魚片

韓式生拌魚

材料 2人份

蛋黃：1顆的量
生魚片（鮪魚、鮭魚、鯛魚等）：100公克
酪梨：1/4顆
小黃瓜：1/4條
山藥：40公克
碎粒納豆：1盒
烤海苔、熟白芝麻：各適量

【拌醬】
韓國辣椒醬：2小匙
醬油、麻油：各1小匙
豆瓣醬：1/2小匙

1 生魚片、酪梨、小黃瓜、山藥切成1公分的小丁。混合【拌醬】的材料。

2 食材以漂亮的配色盛盤，擺上蛋黃，撒點熟白芝麻。淋上1混合好的【拌醬】，享用前先混合好。可依照個人喜好放在海苔上品嘗。

雞蛋子了不起
嗚嗚……
用蛋黃把不同口感和滋味串連在一起。努力促進大家相容的雞蛋，太了不起了！
雞蛋站C位

鵪鶉蛋傳說

各位會在什麼時候吃到鵪鶉蛋呢？或許有人甚至不曾買過鵪鶉蛋。

我個人呢，大約是固定一個月購買一次，有時是生的，有時是水煮的。水煮的鵪鶉蛋方便好用，不過自己水煮生鵪鶉蛋又是另外一種迷人美味，值得一試。

我這輩子（也太誇張）最早注意到鵪鶉蛋，大概是在餐廳吃中式燴飯的時候。沒錯，就是在色彩繽紛的勾芡料理中，獨一無二的那顆蛋。為什麼只有一顆？——因為數量太過稀少，所以我每次都會留到最後才吃，彷彿那才是主菜。假如我要與交往對象（虛構）分食一碗中式燴飯，對方沒說一聲就吃掉鵪鶉蛋的話，我會認真考慮跟對方分手。

正因為如此，我自己做了中式燴飯，鵪鶉蛋當然是一整盒（10顆）全部加進去。儘管配料只有大白菜、豬肉、鵪鶉蛋也很美味，我甚至連用來配色的胡蘿蔔都沒放。

試著自己動手做就不會有壓力了！不管怎麼吃，鵪鶉蛋都會源源不絕地冒出來。對！這就是我所追求的中式燴飯！我相信一定有不少愛好者也有相同的煩惱。

交替搭配竹輪和秋葵！

海苔炸鵪鶉蛋

材料 2人份

鵪鶉蛋（水煮）…12顆
竹輪…2根
秋葵…2根
炸粉…50公克
綠海苔粉…1大匙
白開水…1/2杯
鹽、炸油…適量

1 竹輪和秋葵各切成3等份，每份各插上一根牙籤，並串上1顆鵪鶉蛋，一共做成12串。

2 炸粉加入綠海苔粉、水混合均勻。

3 平底鍋內倒入約2公分高的炸油，加熱到180℃，放入裹好麵衣的牙籤串油炸。炸好後撒上鹽即可享用。

買不到雞蛋的時候，
鵪鶉蛋也是很好的食材喔。

一顆、兩顆吃到停不下來！

醋醃鵪鶉蛋

材料 材料方便製作的份量

鵪鶉蛋（水煮）…12顆
小黃瓜…1條
西洋芹梗…1根

【醋漬液】
砂糖…4大匙
鹽…1/2大匙
黑胡椒粒…1/2大匙
月桂葉…2片
蒜仁（壓碎）…1粒
新鮮迷迭香（可省略）…1支
紅辣椒…2根
醋…1/2杯
白開水…1杯

1 把【醋漬液】的材料放入鍋中，以中火加熱，煮滾後放涼。

2 小黃瓜、西洋芹梗切成2公分寬，以鹽水汆燙約20秒後撈起。

3 小黃瓜和西洋芹需要趁熱裝瓶。把鵪鶉蛋、小黃瓜、西洋芹放入消毒過的乾淨容器內，倒入1放冷的【醋漬液】，浸泡約1小時後即可食用。放冰箱冷藏可保存一週。

冷藏水煮蛋的妙用

有些人會急急忙忙在賞味期限之前，把雞蛋變成水煮蛋，卻還是吃不完。
因此，平常冰箱裡總是「故意」庫存大量水煮蛋的我，
就來告訴各位冷藏水煮蛋可以怎麼吃！

一個材料就搞定！

熱壓水煮蛋三明治

材料 1人份

水煮蛋…1顆
吐司（厚度1.5公分）…2片
美乃滋…2大匙
鹽、胡椒…各少許

1 將水煮蛋橫切成薄片。拿出兩片吐司，在其中一面各自抹上美乃滋，再把蛋黃對齊正中央擺放於其中一片吐司上，接著撒鹽與胡椒，蓋上另一片吐司。

2 放入熱壓吐司機，就能烤出漂亮的顏色。

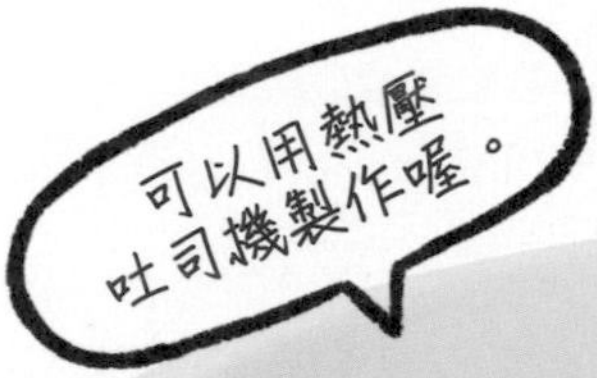

用水煮蛋代替米飯

水煮蛋納豆

材料 1人份

水煮蛋（8分鐘）…2顆

納豆…1盒

珠蔥蔥花、醬油…各適量

1 將水煮蛋切成4等份，放入一個容器中。

2 將納豆與醬油混合後，倒在水煮蛋上，再撒上蔥花，將它們攪拌均勻後便可享用。

能夠代替我的只有妳。
嗯♡
可以用來代替白米飯。

一盒6顆的雞蛋與迷你罐裝啤酒之謎

去超市購物時，有時會遇到奇妙的商品，令人不禁想問：「這種東西誰會買啊？」

第一個是容量125毫升的迷你尺寸罐裝啤酒。初次看到時，我認真在想：「這麼小，是玩具嗎？」可是似乎真的有人需要這種容量的啤酒，我聽其他人說：「飯後只想喝一口啤酒時很好用。」「睡前想喝一點啤酒時很方便。」原來如此，像我這種三分鐘就能喝完一罐350毫升啤酒的人，根本不會考慮這種迷你罐，不過大概可以理解有人有這種需求。

再來就是一盒6顆的雞蛋。這種份量我一天以內就吃完了，所以當我聽到有人連這種6顆裝的雞蛋都用不完時，簡直晴天霹靂。原來也有這種人啊……（轟隆）

我甚至會專程跑去在地的產地直銷中心找罕見雞蛋，一旦找到，就會毫不猶豫買下30顆裝一整箱，所以6顆裝的雞蛋不是我的菜。不過，就像我這個不吃甜食的人在好市多看到巨型盒裝巧克力時，心想：「到底誰會買啊？」我想其他人看到整箱雞蛋時，也有同樣想法吧。

因此我出了這本雞蛋料理食譜，希望能夠幫助那些連6顆裝雞蛋都用不完的人。

第5章

受到世界各地熱愛的雞蛋美食

墨西哥薄餅
最適合搭配
莎莎醬來食用。

墨西哥的莎莎醬加蛋

墨西哥煎蛋

材料 2人份

荷包蛋…2顆

【莎莎醬】

水煮紅腰豆罐頭（市售）…50公克

洋蔥切末…1/4顆的量

水煮番茄罐頭…1/2罐

鹽、辣椒粉（可省略）…各1/2小匙

塔巴斯科辣椒醬…適量

蒜末…1粒蒜仁的量

橄欖油…1大匙

香菜…2株

市售墨西哥薄餅皮（麵粉款*）…2片

1 在冷平底鍋放入橄欖油、蒜末，以中火加熱，加入洋蔥炒過。

2 將洋蔥炒到透明後，再放入紅腰豆、番茄罐頭、鹽、辣椒粉、塔巴斯科辣椒醬，煮約5分鐘直到濃稠。

3 在無油的平底鍋裡，放入墨西哥薄餅皮，以小火加熱後起鍋，放上【莎莎醬】、荷包蛋、切碎的香菜。

4 把薄餅切成方便入口的大小，沾上【莎莎醬】、裹上弄碎的荷包蛋享用。

偷偷告訴你，墨西哥的雞蛋消費量是世界第一，我不得不對此表達敬意，但我有自信我個人的消費量也不會輸給它！
消費量世界第一
鼓掌
不愧是花子小姐。

＊注：另外還有玉米粉做的版本。

乘風破浪

紐約的雞蛋沙拉

班尼迪克蛋

材料 1人份

【水波蛋】
- 雞蛋：2顆
- 醋：2大匙
- 白開水：4杯
- 培根：1片

【淋醬*】
- 蛋黃：1顆的量
- 美乃滋：2大匙
- 番茄醬：1小匙

- 英式馬芬：1個
- 喜歡的生菜：適量

1 2顆蛋分別打入2個容器裡，備用，另外拿一個鍋子裝水，以中火煮沸後加醋。

2 用筷子攪動沸水，製造漩渦，一邊轉小火，接著，將蛋一顆一顆輕輕倒入中央，煮到蛋白稍微凝固，把蛋白蓋在蛋黃上，大約煮2分鐘，起鍋放在廚房紙巾上。

3 混合【淋醬】的材料。

4 將英式馬芬橫剖成兩半。

5 把切成兩半的培根，一起放入烤箱內稍微烤過。

6 盤子裡依序擺上英式馬芬和培根、水波蛋，淋上【淋醬】，旁邊加上生菜就完成了。

花子的小重點

製作班尼迪克蛋時，最重要的關鍵是製造像流動泳池一樣的水流！記得要把蛋白輕輕蓋在蛋黃上喔。

＊注：班尼迪克蛋通常是搭配荷蘭醬，但本書不是。

越南的滷蛋

越南椰子滷蛋紅燒肉

材料 3～4人份

水煮蛋（7分鐘）…6～8顆
去皮豬五花肉塊…800公克
青蔥的蔥綠…1根的量
薑切薄片…2片
砂糖…3大匙
白開水…1大匙
【調味料】
─醬油、魚露…各2大匙
─料理酒…1/2杯
蒜仁…3粒
黑胡椒粒…1大匙
醬油…1/2大匙
椰漿…1/4杯
香菜…2枝

1 將豬肉塊切成兩半，放入加了蔥綠、薑片的熱水裡煮30分鐘。

2 等**1**煮好的豬肉稍微放涼之後，切成4～5公分厚的肉片。

3 將【調味料】的材料充分混合均勻。

4 鍋中加入砂糖和水混合，以中火加熱，煮到沸騰、變成褐色後，再加入所有【調味料】混合。接著關火，加入**2**的豬肉、蒜仁、黑胡椒粒混合均勻後，放旁邊靜置大約10分鐘。

5 另外準備4杯水倒入，拿出比鍋子小一圈的鍋蓋壓在食材表面，大約煮一小時，加入醬油、水煮蛋後，關火靜置一晚。

6 第二天去掉表面凝固的油脂，加入椰漿重新加熱，擺上香菜即可盛盤。

吸收了滷肉的鮮美
水煮蛋吸收了魚露風味的滷肉油脂與鮮味，就會成為最棒的美食。當然，滷汁也可以淋在飯上享用。
很下飯喔。

泰國的螃蟹加蛋咖哩

咖哩炒蟹

材料 3～4人份

雞蛋…3顆
蟹肉罐頭…1罐（110公克）
洋蔥…1/2顆
西洋芹（帶葉子）…1/2根
甜椒…1/2顆
蒜末…1粒蒜仁的量
牛奶…1杯
【調味料】
─魚露…1大匙
─砂糖、蠔油、咖哩粉…各2小匙
辣油…1小匙
片栗粉…1大匙（用2大匙白開水溶開）
熱白飯（泰國米）…3～4飯碗的量
沙拉油…1大匙

1 洋蔥切片。甜椒橫切成兩半，再切成5公釐寬的條狀。

2 西洋芹梗切小段，葉子大略切碎。

3 鍋中放入沙拉油和蒜末，以中火加熱，依序炒洋蔥、西洋芹梗、甜椒。加入牛奶、整個蟹肉罐頭（連湯汁）、【調味料】，煮滾後，再加入西洋芹葉。

4 在**3**的鍋中加入片栗粉水勾芡，倒入全部的蛋液等待約30秒鐘，再慢慢攪動混合。

5 最後加點辣油，與白飯一起盛盤。

小祕訣—泰國米的煮法

1 洗好2杯量米杯的泰國米，放入電子鍋，再加入包裝上標示的水量。

2 無須浸泡，直接按下「快煮模式」（可省略）煮飯即可。

用蟹肉罐頭。

螃蟹

與螃蟹的鮮味合而為一。

按快門
啪嚓

這道菜已經可以改名為「鮮味湯」了！吃下去後，整個嘴裡都是鮮味！用蟹肉棒做也可以，不過我還是希望各位盡可能用蟹肉罐頭。

炸天婦羅佐塔塔醬

英國發明，主角不是炸物！

材料 2人份

蝦子（黑虎蝦）…4尾
雞里肌肉…2條
鹽、胡椒…各少許
麵粉、蛋液、麵包粉、炸油…各適量

【塔塔醬】
水煮蛋切粗末…2顆的量
洋蔥切末、酸黃瓜切末…各3大匙
美乃滋…1/2杯
優格（可省略）、芥末籽醬…各1大匙
鹽、胡椒…各少許

檸檬角（瓣狀）…2塊

1. 蝦子用竹籤挑去腸泥，去殼，只留下尾巴。在蝦腹劃5刀，就能夠保持筆直。將雞里肌肉去筋。
2. 以上材料分別撒點鹽、胡椒，依序沾上麵粉、蛋液、麵包粉（裹上麵衣）。
3. 將【塔塔醬】的材料充分混合均勻。
4. 炸油以中火加熱，將裹好麵衣的蝦子和雞里肌肉分別炸熟。
5. 盛盤，淋上備好的【塔塔醬】，旁邊擺上2塊檸檬角搭配，即完成。

塔塔醬是
主角♡
請嘗嘗看。

用微波爐
就能輕鬆做。

韓國版茶碗蒸

韓式蒸蛋

材料 1人份

雞蛋…2顆
蟹肉棒…2條（20公克）
雞粉（顆粒）…1小匙
鹽、麻油…各1/2小匙
白開水…1杯
珠蔥蔥花…適量

1 雞蛋用打蛋器完全打勻，將蛋液倒入瓷碗中。

2 蟹肉棒撕成粗絲，備用。

3 蛋液中加入雞粉、鹽、蟹肉棒、水混合，蓋上保鮮膜，不要密封，將瓷碗直接放進微波爐加熱2分鐘，再拿湯匙攪拌混合。

4 在**3**的瓷碗中加入麻油，繼續微波加熱2～3分鐘。

5 最後撒上蔥花，趁著沒有縮水塌陷之前享用。

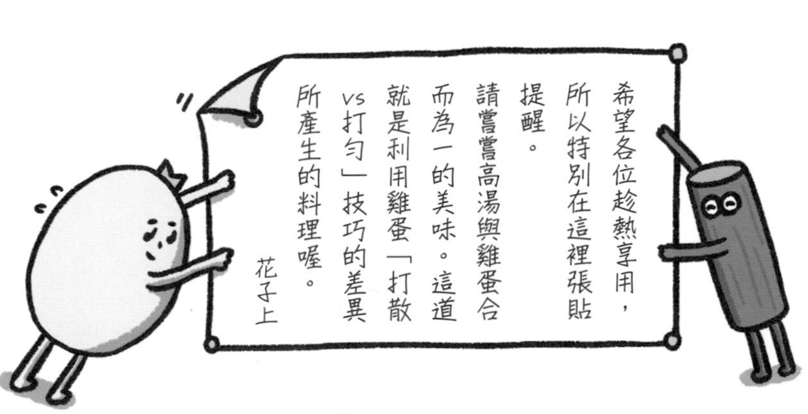
希望各位趁熱享用，所以特別在這裡張貼提醒。
請嚐嚐高湯與雞蛋合而為一的美味。這道就是利用雞蛋「打散vs打勻」技巧的差異所產生的料理喔。
花子上

起司與雞蛋
雙主角。
鏘
鏘
聽說在義大利當地不是用麵包粉，而是加入變硬的麵包。在義大利，起司和雞蛋同樣受歡迎！

義大利的蛋花湯

羅馬起司蛋花湯

材料 3～4人份

雞蛋…3顆
起司粉、麵包粉…各4大匙
肉豆蔻粉（可省略）…少許

【雞湯】
雞胸肉…1塊（200公克）
白開水…1公升
蒜仁…1粒
鹽…1小匙

橄欖油…適量
義大利香芹切末…適量

1 取一個小鍋子，放入雞胸肉、水、蒜仁，以中火加熱，煮滾後轉小火繼續煮大約20分鐘，【雞湯】便大致完成了。

2【雞湯】煮好後放涼，把其中的雞肉撕碎，可直接留在湯裡或另外做成沙拉等。

3 雞蛋打入另一個碗裡，用打蛋器完全打勻，加入麵包粉、起司粉混合成蛋液。

4 將**2**【雞湯】鍋內煮軟的蒜仁輕輕壓碎。

5【雞湯】裡加入鹽、肉豆蔻粉（可省略），以中火再次加熱，煮滾後緩緩倒入蛋液，等待1～2分鐘不攪動。

6 等到蛋液凝固後盛盤，繞圈淋上橄欖油，最後撒上義大利香芹即完成。

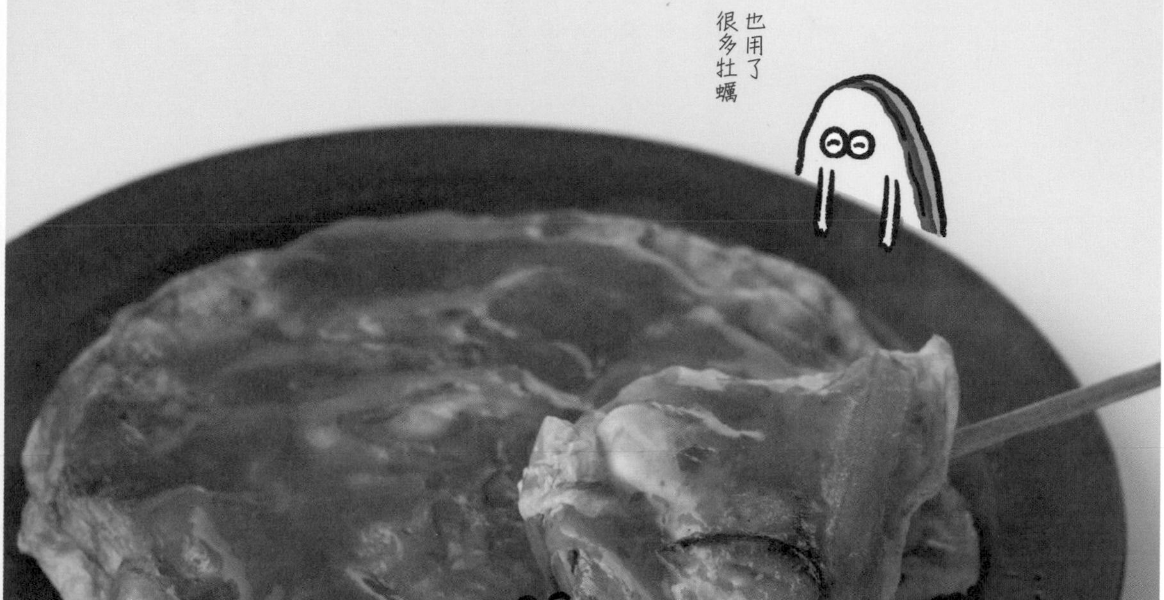
也用了很多牡蠣
雞蛋最後放喔。

花子的小重點

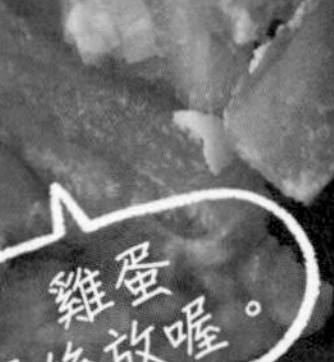

想像先用片栗粉打底，再把蛋液倒在上面。

拍拍
拍拍
片栗粉

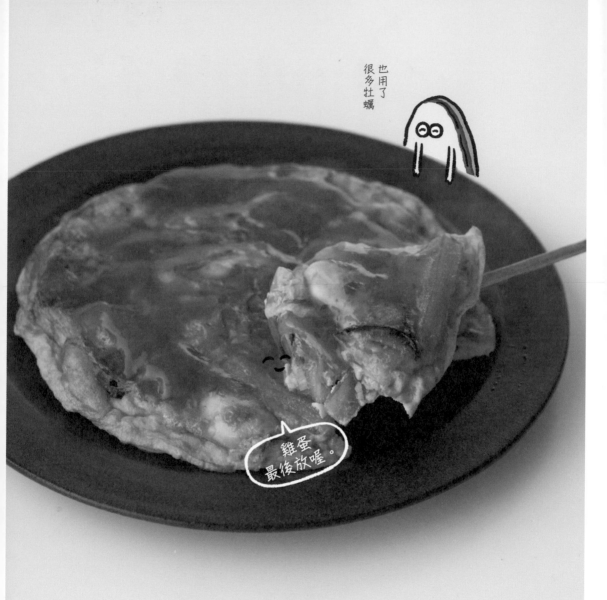

臺灣的牡蠣餅

蚵仔煎

材料 2人份

雞蛋⋯2顆
牡蠣（非生食）⋯100公克
小松菜⋯1株
青蔥⋯4公分
片栗粉⋯1大匙（用3大匙白開水溶開）

【淋醬】
番茄醬⋯1大匙
片栗粉⋯1小匙
豆瓣醬⋯1/2小匙
白開水⋯1/4杯

沙拉油⋯1大匙

1 雞蛋拿筷子用切拌的方式打散成蛋液。

2 牡蠣放入盆中加鹽水輕輕沖洗，若有混入牡蠣殼碎片請挑出，洗完後再以廚房紙巾擦乾水分。

3 小松菜切成3公分長。將青蔥斜切成薄片。

4 拿出一個小平底鍋（19公分）以中火熱油，放入牡蠣兩面煎1～2分鐘，接著繞圈淋上片栗粉水，放上小松菜、青蔥，蓋上鍋蓋，再以小火煮1分鐘。

5 倒入蛋液於**4**之中，蓋上鍋蓋繼續煎2～3分鐘，蓋上盤子翻面盛盤。

6 將【淋醬】的材料放入同一個平底鍋，以中火煮到變稠，最後淋在蚵仔煎上就完成了。

中國的番茄雞蛋湯

酸辣湯

材料　2人份

雞蛋…2顆
豬肉片…50公克
番茄…1顆
香菇…1朵
青蔥…5公分

【湯】
醬油、料理酒…各2大匙
雞粉（顆粒）…1/2大匙
胡椒…少許
白開水…3杯

醋…2大匙
片栗粉…1大匙（用2大匙白開水溶開）
辣油…適量

1 雞蛋拿筷子用切拌的方式打散成蛋液。

2 豬肉片切細絲。番茄切1公分的小丁。香菇切薄片。青蔥切粗末。

3 取一個鍋子，倒入【湯】的材料，以中火加熱。煮到沸騰後，加入豬肉片、番茄、香菇，繼續煮約5分鐘。

4 在3的鍋子中加入片栗粉水勾芡，將蛋液順著筷子流進鍋裡，此時記得不要立刻攪動，等蛋花浮上來才攪動，並且一次起鍋。

5 最後加入青蔥、醋、辣油便完成了。

醋和番茄的酸味會使蛋的口感更加柔軟。加入片栗粉水勾芡後再放蛋液，蛋就會在湯裡跳舞。
大家一起跳舞最開心♡
醋
蛋要攪拌一下喔。

馬鈴薯與雞蛋
最對味。
我也愛跳熱情的舞蹈喔！

西班牙的歐姆蛋

西班牙烘蛋

材料 4人份

雞蛋…6顆
牛奶（可省略）…3大匙
起司粉…2大匙
德國香腸…3條
馬鈴薯（大）…2顆
洋蔥…1/2顆
蒜末…1粒蒜仁的量
鹽…1/3小匙
白葡萄酒（或料理酒）…1/4杯
橄欖油…2大匙
番茄醬…適量

1 雞蛋用打蛋器完全打勻，加入牛奶和起司粉混合均勻成蛋液。

2 洋蔥切薄片。馬鈴薯切成厚度3公釐的1/4扇形薄片。德國香腸切小段。

3 拿出小平底鍋（19公分）以中火熱油，炒蒜末簡單爆香後放入洋蔥。

4 洋蔥炒軟後，加入德國香腸和馬鈴薯、鹽一起炒。再加入白葡萄酒，蓋上鍋蓋後，蒸到馬鈴薯變軟為止。

5 用木鍋鏟稍微將4的馬鈴薯壓碎，並且倒入蛋液混合。慢慢攪拌到蛋半熟，把蛋整理成漂亮的圓形。

6 拿盤子蓋在蛋上，翻面倒扣在盤子裡，再推回平底鍋裡，蓋上鍋蓋繼續煎2～3分鐘。最後盛盤，旁邊擠上番茄醬。

馬鈴薯與雞蛋，聯手創造出份量飽足、適合搭配白葡萄酒的絕讚美食！
馬鈴薯先生
謝謝你。
不客氣。

所有人類家裡的冰箱冷凍室都有泰國青檸葉的話，隨時都可以盡情享受亞洲飲食生活。水煮蛋不裹粉直接炸好加入，風味會更道地！
峇里島風格
加了椰漿喔。

甜鹹交織的峇里島滋味

水煮蛋椰漿咖哩

材料 4人份

- 水煮蛋（7分鐘）…8顆
- 洋蔥…1/2顆
- 番茄…2顆
- 蒜仁…1粒
- 紅辣椒…1根
- 泰國青檸葉（可省略）…4片
- 咖哩粉…2大匙
- 椰漿…1罐
- 水…1/2杯
- 鹽…2小匙
- 沙拉油…1大匙
- 香菜…2株
- 熱白飯（泰國米）…4飯碗的量

1 洋蔥切薄片。番茄大略切塊。蒜仁壓成碎末。香菜切粗末。

2 鍋中放入沙拉油和蒜末，以中火加熱爆香後加入洋蔥拌炒。

3 洋蔥炒到透明，**2**加入番茄、紅辣椒、泰國青檸葉，以小火煮到番茄變軟爛為止。

4 加入咖哩粉於**3**之中拌炒，放入椰漿、水、鹽，煮約10分鐘。

5 加入水煮蛋繼續煮5分鐘，煮到變濃稠為止，最後跟白飯、香菜一起盛盤。

布里克

突尼西亞的馬鈴薯蛋炸春捲

材料 2人份

雞蛋…1顆
馬鈴薯…1顆
罐頭鮪魚…1罐（70公克）
小茴香籽（孜然）…1小匙
鹽…1/4小匙
胡椒…少許
四方形春捲皮…2張（疊在一起不撕開）
麵粉…1大匙（用2大匙白開水溶開）
炸油、萊姆角（瓣形）…各適量

1 馬鈴薯去皮切成4塊，泡水後放入耐熱容器，蓋上保鮮膜，微波加熱約5分鐘，直到竹籤可以輕易貫穿。

2 趁熱將馬鈴薯用叉子或勺子壓碎，加入稍微瀝乾水分的罐頭鮪魚、小茴香籽、鹽、胡椒混合。雞蛋打入一個小碗裡。

3 將四方形的春捲皮在砧板上攤開，斜半邊放上**2**馬鈴薯，馬鈴薯正中央挖一個凹洞，倒入生蛋。

4 春捲皮邊緣抹上麵粉水，對折成三角形。

5 平底鍋內倒入2公分高的炸油，加熱到180℃，把**4**做好的布里克輕輕滑進油鍋裡，一邊澆油一邊油炸約2分鐘，炸到邊緣變成金黃色，再以鍋鏟與筷子翻面炸1分鐘。

6 最後將布里克盛盤，擺上萊姆角搭配，即完成。

花子的小重點

步驟**3**的中央挖洞放生蛋，以及步驟**5**的澆油是關鍵。

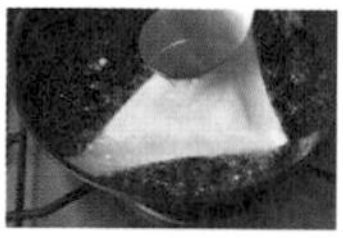

/ 餐桌上也能有滿滿異國風情～ \

臺灣的蘿蔔乾煎蛋

菜脯蛋

材料 3～4人份

雞蛋…6顆
鹽…1/2小匙
胡椒…少許
菜脯…30公克
醬油…1大匙
青蔥末…1/3根的量
櫻花蝦…10公克
蒜末…1粒蒜仁的量
麻油…1大匙

1 打蛋後，拿筷子用切拌的方式打散，加入鹽、胡椒混合成蛋液。

2 菜脯*放入盆中用大量清水搓洗，再泡水約30分鐘去鹽後擠乾使用。

3 平底鍋裡放入麻油和蒜末，以中火加熱，依序加入櫻花蝦、青蔥末、菜脯拌炒。等到所有材料裹上油後，沿著鍋邊繞圈加入醬油。

4 在**3**的鍋中倒入蛋液後，用鍋鏟攪拌混合，慢慢炒。炒到半熟，用鍋鏟整理鍋邊的蛋液，弄成漂亮的圓形。

5 在**4**的平底鍋蓋上盤子，鍋子一翻，把蛋倒入盤子後，再滑回平底鍋裡，蓋上鍋蓋，繼續煎還沒熟的那一面3～4分鐘即可上桌。

＊注：各家菜脯的成份不同，事前處理請參考產品外包裝標示進行。

兩位的氣氛很不錯呢。
菜脯的爽脆口感與蓬鬆的蛋相遇，就成就這一道……
又脆又鬆軟
香氣逼人的台式家常菜。

快點把我弄破。
你高興什麼時候弄破就動手吧。

日本關西的雞蛋味噌湯

經典日式蛋湯

材料 2人份

雞蛋…2顆
馬鈴薯…1顆
高湯…2又1/2杯
味噌…2大匙
珠蔥蔥花…適量

1 馬鈴薯切成厚度5公釐的1/4扇形薄片後，泡水。

2 將雞蛋分別打進2個小碗裡，備用。

3 鍋中倒入高湯，以中火加熱，加入馬鈴薯煮約3分鐘。

4 待馬鈴薯煮軟後，用鍋裡的熱湯先溶開味噌後加入，再輕輕倒入**2**的兩顆生蛋，蓋上鍋蓋，以小火煮約2分鐘，即可盛盤撒上蔥花。

究竟是要煮成蛋花還是半熟水波蛋才好？應該要在哪個時間點把蛋弄破？這可以說是人生最重要的問題。
搔頭
好難抉擇啊——

第6章

想要吃一輩子的經典蛋料理

雞蛋、白飯與醬油的搭配一輩子吃不膩

荷包蛋蓋飯

材料 1人份

雞蛋…1顆
沙拉油…1大匙
熱白飯…1飯碗的量
醬油…適量

1 拿出一個小平底鍋（19公分）以中火熱油，等油熱了以後再打入雞蛋。不需要蓋上鍋蓋。

2 轉極小火慢慢煎3～4分鐘，等到蛋白從透明變成白色，蛋黃底下約1/3變熟，邊緣也變成焦黃酥脆便關火起鍋。

3 把**2**的荷包蛋放在事先準備好的白飯上，最後再淋上醬油就可以享用了。

吃再多都不會膩。荷包蛋直接吃也十分好吃，放在我（白飯）身上一起吃，更能突顯美味喔。
交給我吧！
ドン
太帥了。

淋上醬油

只需要雞蛋，但配白飯更好

雲朵蛋蓋飯

材料 1人份

雞蛋…2顆

【滷汁】

醬油、味醂…各1大匙

砂糖…1/2大匙

高湯…1/4杯

熱白飯…1飯碗的量

1 雞蛋用筷子大略打散成蛋液，不要讓蛋黃和蛋白完全融合。

2 拿出一個小平底鍋（19公分）以中火加熱【滷汁】的材料。

3 將【滷汁】煮滾後，再慢慢倒入蛋液，之後蓋上鍋蓋，轉小火，煮到蛋半熟就立刻關火。

4 把半熟那面朝上，連同滷汁一起倒在事先準備好的飯上，即完成。

唯有懂得把雞蛋變蓬鬆的人，才有機會嘗到雲朵般的口感。讓蓬鬆的雞蛋充滿口腔內，就是我的任務。

這件蓬鬆的洋裝，好看嗎？
蓬鬆的雞蛋小姐也很棒呢。
半熟那面要記得朝上喔。

無論何時，雞蛋與白飯都很搭♡

生蛋拌飯的12種變化

1

煎油炸豆皮（1/4塊，煎過後切絲）
＋柴魚片（適量）＋蘿蔔嬰（適量）

2

炸天婦羅碎屑（1大匙）
＋綠海苔粉（適量）＋紅薑（適量）

3

酪梨（1/4顆，切丁）
＋山葵（適量）

4

鮭魚鬆（1大匙）＋奶油（5公克）
＋新鮮蒔蘿葉（1支的量）

5

蔥鹽醬（珠蔥切末2根的量
＋鹽少許＋麻油1/2小匙）
＋鹽昆布（1小匙）＋海苔酥（適量）

6

醃漬白肉魚生魚片
（3片，用少許醬油抓醃過）＋山藥泥
（60公克）＋珠蔥蔥花（適量）

共同的做法

把材料分別放在熱白飯（1飯碗的量）上，擺上生蛋（或依照個人喜好只放1顆蛋黃），淋上適量的醬油（6、9除外）。

10

韓國辣醬醃明太子魚腸（1大匙）
＋磨碎的白芝麻（1小匙）
＋麻油（1/2小匙）＋香菜（適量）

7

醬菜（適量，切碎）
＋熟白芝麻（1/2小匙）

11

滑茸醬（1大匙）＋小黃瓜
（1/4條，切薄片再用少許鹽揉過）

8

豆腐（50公克，輕輕剝碎）＋魩仔魚
（1大匙）＋紫蘇葉（1片，切絲）

12

納豆（50公克）
＋榨菜（15公克，切碎）＋辣油（適量）

9

韭菜醬（韭菜切末2根的量
＋醬油1/2大匙＋醋1/2大匙
＋麻油1/2小匙混合）

特別附錄
蛋的「全都露」寫真集
Tamako's
Special Gravure
Page

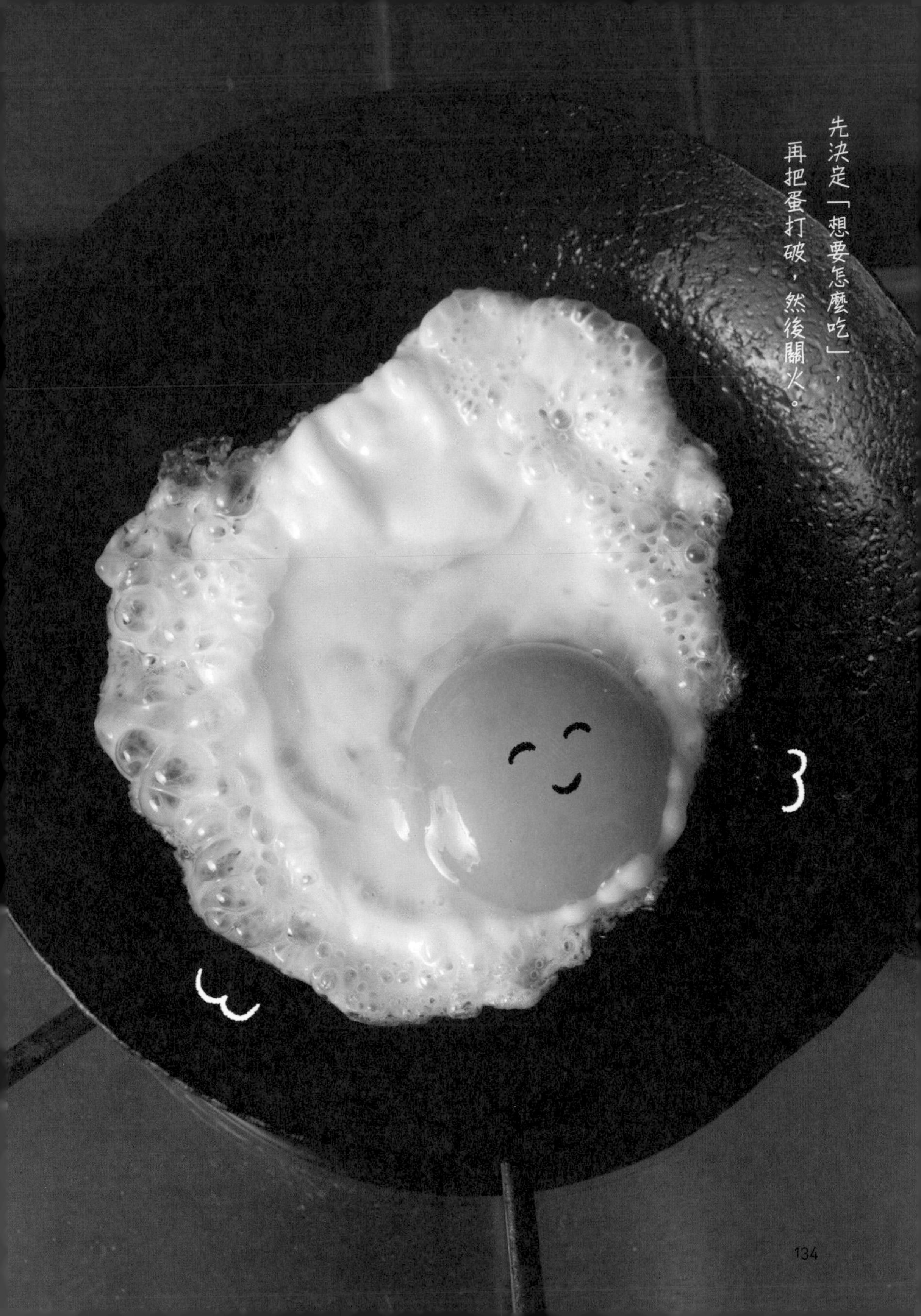

先決定「想要怎麼吃」，
再把蛋打破，然後關火。

離開蛋殼那瞬間，
它就屬於你了。

黏稠又鬆軟。
每一秒鐘都有不同的變化，
千萬不能疏忽。

徒然花子的雞蛋問答

用雞蛋做菜有什麼心得？

雞蛋是千變萬化的食材。想像自己想吃的蛋是什麼模樣，把自己當成是雞蛋料理的總製作人，挑戰看看吧！

妳是什麼時候喜歡上雞蛋呢？

從我懂事起就喜歡。等到我學會在家煮菜，我就去圖書館到處查食譜，看看有什麼方法可以煮出我理想中的水煮蛋。

與其他食材相比，妳有多喜歡雞蛋？

以「大於」符號表示的話，差不多是雞蛋＞＞＞＞＞＞＞＞＞＞＞＞＞＞＞＞＞＞＞＞酒＞＞＞＞＞＞＞＞＞＞＞＞＞＞＞肉。雞蛋是第一名。

能否聊聊妳截至目前為止最令人驚訝的「雞蛋狂粉小故事」？

我只要一看到白底中央黃色圓形，就會看成是雞蛋。以前開高速公路時，看到前面的車子後車廂上掛的備胎，罩著各種配色的保護套，我就大喊：「雞蛋！」

買回家的雞蛋不小心弄破，怎麼處理？

小心翼翼去掉打破的蛋殼，把生蛋裝進保存容器中，並且在當天之內吃完。假如沒有時間做菜，我會直接煎熟撒鹽當點心吃。也很推薦加入味噌湯裡！

事先煮好的水煮蛋放冰箱冷藏，不會與生蛋混淆嗎？

放冰箱冷藏時，我會用麥克筆在水煮蛋外寫上「水」。別以為自己能夠分辨生蛋和水煮蛋，你一定會忘記，所以乖乖標示吧。

妳吃蛋時，是什麼樣的心情？

具體來說，就是愛甜食的人吃到蛋糕或巧克力時的心情。我認為一天可以品味三次「啊！好幸福！」的感覺，就是最棒的人生。

雞蛋要放常溫或是冰箱冷藏保存？

當然要放冰箱冷藏保存。有人說可以放常溫保存，但低溫的環境更能夠維持新鮮度。順便補充一點，我家冰箱有一半的空間都是「雞蛋區」。

妳最推薦哪一家店的哪一道雞蛋料理呢？

新大久保的韓國碳烤鴨肉料理店「Samsoon」的韓式蒸蛋。用陶鍋（韓式蒸蛋鍋）製作真的很道地！順帶一提，店裡招牌的火烤鴨肉也很好吃。

截至目前為止最令妳錯愕的雞蛋料理是什麼？

立會川一家居酒屋的荷包蛋。不管是點1個還是10個，價格都一樣是550日圓（約新台幣124元）。我只要2個，結果師傅對我說：「妳就點10個嘛。」還在上面撒了很多魚粉！

想要做這本食譜裡的雞蛋料理給喜歡的對象品嘗，妳會推薦哪一道？

（給單戀對象、交往對象、夫妻、朋友，分別推薦一道）

給單戀對象：讓你看起來很會做菜的培根蛋麵。

給交往對象：直接用荷包蛋蓋飯決勝負。

給夫或妻：代表老家味道的蔥鹽隨便煎蛋捲。

給朋友：適合搭葡萄酒的越南椰子滷蛋紅燒肉。

壽喜燒的主角是肉還是蛋？

啥？壽喜燒如果沒有生蛋就不是壽喜燒了，所以主角當然是蛋。肉必須挑選能夠發揮蛋優點的產品。

本食譜中，有哪些適合當「下酒菜」？

只要有4種滷蛋、12種疊疊樂水煮蛋、9種魔鬼蛋，兩個人就可以輕鬆喝掉一整瓶1.8公升的日本酒。問題在於，這麼一來，兩個人就需要25顆水煮蛋才行。

老實說我不會做菜。這本書，有「絕對不會失敗！」的食譜嗎？

首先，就從「做出理想的水煮蛋」開始。要煮之前才從冰箱拿出雞蛋，用雞蛋打孔器打洞後，水煮8分鐘。等到你能成功煮出理想中的水煮蛋，接下來就簡單了。

雞蛋的「繫帶」要拿掉嗎？

基本上不用拿掉。煎荷包蛋時，除非繫帶大到令人在意才需要拿掉。順帶一提，必須留意的是，如果拿掉生蛋的繫帶，荷包蛋的蛋黃就無法穩穩固定在蛋白上了。

妳有不喜歡的雞蛋料理嗎？

沒有。不過我對沒有愛的雞蛋料理難以下嚥，因此，漢堡排餐廳用來陪襯漢堡排的荷包蛋如果煎得很完美，我就會想去廚房致敬。

雞蛋可以冷凍嗎？

帶殼冷凍的話，蛋黃會變成ＱＱ的口感（而且容易孳生細菌，必須盡快吃掉）。最好是做成炒蛋或蛋絲後再冷凍，才不會走味。

妳有「總有一天想試試」的「外國雞蛋料理」嗎？

哥倫比亞的街頭早餐「炸蛋餅（Arepa de Huevo）」。做法是在玉米口袋餅裡面打一顆生蛋，放入油鍋油炸兩次，再搭配辣醬享用，看起來就好好吃。

我想煎荷包蛋，把蛋打進平底鍋裡卻把蛋黃弄破了，怎麼辦？

如果不在乎荷包蛋的外型，直接煎熟就好。如果無論如何都無法接受，就把弄破的蛋煎熟吃掉，湮滅證據後，再重新小心煎一顆新的荷包蛋。

妳算過自己截至目前為止吃過多少顆蛋嗎？

這個嘛，我一天最少吃2顆蛋（粗估）×365天×假設從10歲起算（現在45歲）也就是35年＝2萬5550顆……或許你會覺得不可思議，但我想我吃的量應該超過這個數字。

在肚子餓到快死掉時，馬上就能做來吃的雞蛋料理是什麼？

當然就是荷包蛋了。一顆不夠，可以兩、三顆一起煎，最後淋上醬油大快朵頤，就算沒有配飯也很滿足。

妳有推薦讓雞蛋更好吃的「常備」調味料嗎？

除了基本調味料之外，魚露、哈里薩辣醬、XO醬、柚子胡椒等都可以。最近因為生蛋拌飯或蛋拌烏龍麵加「飛魚風味露」很方便，所以也成了我家的常備調味料。

妳認為是蛋的哪個部分攫取妳的心，讓妳這麼愛蛋呢？

世界各地每人、每天家裡餐桌上都會出現雞蛋，再也沒有哪種食材可以像蛋這樣跨越國境，超越世代，深受大眾喜愛。單吃雞蛋也很好，搭配其他食材更完美，而且雞蛋還能夠扮演「麵糊」的角色。這種千變萬化的面貌，加上「沒蛋不行」的存在感，正是令我愛不釋手的原因。

最愛的雞蛋周邊

或許我前世與雞蛋有什麼淵源，才會一看到白色與黃色圓形，就感到很幸福。每個聽過我這麼說的人，都會送我雞蛋相關的小物當禮物。

A 水煮蛋筷架
切開成兩半卻相連的造型筷架，用來放筷子很方便！滷蛋版的背面是褐色。

B 荷包蛋筷架
平底鍋荷包蛋超可愛！蛋白透明的款式讓我聯想到生蛋，而且莫名很有份量，還可以當紙鎮。

C 荷包蛋書籤
我忘不了朋友拉出夾在書裡的粉紅色緞帶，卻出現荷包蛋時的驚訝表情。

D 火腿蛋明信片
連火腿都有焦黃的煎痕，令人折服。這是明信片，如果要寄送出去的話，我會寄給自己。

推薦的雞蛋工具

這些是我烹調雞蛋料理時愛用的工具。沒有也無妨，但是有了這些更開心。我要介紹5種濃縮我對雞蛋熱情的用具！

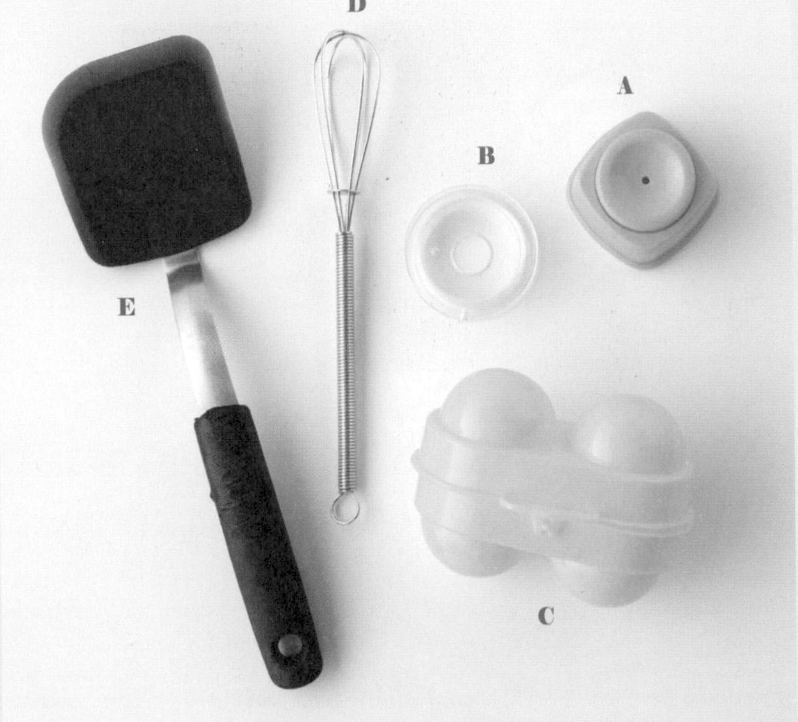

A 水煮蛋用雞蛋打孔器

煮水煮蛋時，在蛋殼上打洞的工具。事先打了洞，剝殼時就很輕鬆！在日本的百元商店也買得到。

B 串珠線

做手工藝用的尼龍線（或稱釣魚線、風箏線）。要把水煮蛋剖半時，用線割的剖面更漂亮。訣竅是一口氣把線拉緊。

C 蛋盒

屬於露營用品。設計精良，能夠隨身帶著走保護蛋。

D 迷你打蛋器

想要把蛋液完全打勻，必須用打蛋器。百元商店就能買到的迷你尺寸正好適合。

E 矽膠鍋鏟

製作炒嫩蛋等平底鍋+蛋的料理時，矽膠鍋鏟最好用了。我個人愛用的品牌是「OXO」。

我們去生產
雞蛋的地方瞧瞧！

出來歡迎我的恒川京士先生（與他的兒子）。

既然這麼愛雞蛋，就應該去「生產雞蛋的地方」參觀一下！於是，我來到日本千葉縣我孫子市的「早安農園」。這裡的雞不關籠，採用平地放養！

每天出現在冰箱裡的雞蛋，當然要先有雞才會有蛋！這次答應接受我採訪的是，在千葉縣以平地放養方式養雞的「早安農園」。農園主人恒川京士先生是愛知縣人，二〇一九年起獨力在妻子娘家附近的我孫子市經營小型養雞場。

在一望無際的田圃中央，有一棟突兀的木造開放式雞舍，恒川先生就在那兒等待我的來訪。「我們農園真的才剛起步，這棟雞舍是透過群眾募資，得到了許多人的援助，再加上ＤＩＹ的方式，才得以完成。」怪不得雞舍富有純樸的手工感！而且四周沒有任何遮蔽物，能夠盡情享受自然光；環繞四周的網子也能夠保持通風。

「我在這裡飼養剛出生的雛雞，給牠們吃糙米、青草、田地土壤，攝取微生物，養出腸胃強健的雞。」我前往採訪時，雞舍裡只有成雞，不過我想毛茸茸的雛雞一定很可愛吧。

我立刻請恒川先生帶我參觀雞舍，正好遇到一群充滿好奇心的雞。這些雞的品種是「海蘭褐殼蛋雞（Hy-Line Brown）」，

這裡是早安農園的雞舍。聽說有一半是恒川先生自己動手建造。

在寬敞的雞舍
自在生活的雞群。

「聽說妳愛雞蛋？
去那邊看看吧。」

褐色的是母雞，白色的是公雞。這裡相較於一般平地放養的雞舍空間大了約三倍，所以雞群能夠過得很舒適。

「雞隻吃的是我們自製的特調飼料，內容包括小麥、米糠、牡蠣殼、魚粉、鹽……除了選用國產飼料之外，我也盡量使用在地食材。」這些雞吃的是用心調配、發酵的飼料，怪不得毛色油亮，能夠生產出健康的雞蛋。

我偷偷瞧了瞧掛著布簾

的雞蛋產房，看到好多剛產下的新鮮雞蛋！恒川先生一邊對雞群道謝一邊回收雞蛋，一眨眼就裝滿整個籃子。

「我們的『光與風之蛋』蛋黃是檸檬黃色。如果想要蛋黃的顏色更深，可以在飼料中加入甜椒色素，但我認為自然的顏色比較好。」我速速帶著剛產下的雞蛋回家做了生蛋拌飯，滋味乾淨濃郁，讓我忍不住又再來一碗。

沒想到我有機會直接摸到剛生的雞蛋！

這次造訪的是

早安農園

http://ohayo-farm.com/
※訂購雞蛋請上官方網站。

後記

小時候我幾乎不吃甜食，我的零食就是雞蛋。

小學時，父母禁止我靠近火，不過微波爐可以，所以我第一次嘗試做了「微波蛋」。做法很簡單，只要把蛋打進馬克杯中打散，加入鹽和胡椒，蓋上保鮮膜，放進去微波就好。只要我想吃，隨時都可以吃到雞蛋，這點令我覺得很開心，所以我幾乎每天都會做來吃。

而且起初，我只知道要加熱幾分鐘，後來才逐漸進化成「微波到一半，拌一拌再繼續微波，才不會生熟不均」、「加入奶油就會變成歐美風」等。長大後做「韓式蒸蛋」時，我還記得自己心裡想著：「這就是更好吃的『微波蛋』。」

另外，就是我小時候愛看一九六三年出版的名著《巴黎天空下飄盪著歐姆蛋的香氣》（石井好子著／河出文庫）。當時我纏著母親說：「我想吃這種歐姆蛋。」母親卻一口回絕說：「妳不是常吃嗎？」這件事情也令我印象深刻。媽，妳說的是便當裡的煎蛋捲啦⋯⋯

「自己想吃的雞蛋料理只能靠自己做了」——這種欲望不斷累積下來，促使我會做的菜色愈來愈多。更重要的是，雞蛋千變萬化的潛力深不可測，不管做成什麼料理都吃不膩。

假如你問：「世界末日來臨前，妳最想吃什麼？」我一定會秒答：「白飯放上我理想中的荷包蛋！」這是我吃過上百碗的美食，但只要有這一碗我就了無遺憾。

雞蛋是我最重要的夥伴，也是今後陪我走人生道路的搭檔，我希望能夠永遠有雞蛋的陪伴在身旁。

於雞蛋盛產的春天　徒然花子

親愛的蛋料理100

輕鬆就能完美複製！把蛋變更好吃的療癒系食譜

作　　者　徒然花子
譯　　者　黃薇嬪
責任編輯　李雅蓁 Maki Lee
責任行銷　鄧雅云 Elsa Deng
封面裝幀　李涵硯 Han Yen Li
版面構成　黃靖芳 Jing Huang
校　　對　楊玲宜 ErinYang

發 行 人　林隆奮 Frank Lin
社　　長　蘇國林 Green Su

總 編 輯　葉怡慧 Carol Yeh
日文主編　許世璇 Kylie Hsu
行銷主任　朱韻淑 Vina Ju
業務處長　吳宗庭 Tim Wu
業務主任　蘇倍生 Benson Su
業務專員　鍾依娟 Irina Chung
業務秘書　陳曉琪 Angel Chen
　　　　　莊皓雯 Gia Chuang

發行公司　悅知文化　精誠資訊股份有限公司
地　　址　105台北市松山區復興北路99號12樓
專　　線　(02) 2719-8811
傳　　真　(02) 2719-7980
網　　址　http://www.delightpress.com.tw
客服信箱　cs@delightpress.com.tw
I S B N　978-626-7288-04-7
建議售價　新台幣380元
首版一刷　2023年4月

原書STAFF
漫畫　カケヒジュン
攝影　公文美和
原書設計　高橋朱里
編輯協力　遠藤文香
校對　〈鷗来堂〉
原書版型　高本和希〈天龍社〉
攝影協力　淺川紗也加
編輯　池田るり子

國家圖書館出版品預行編目資料

親愛的蛋料理100：輕鬆就能完美複製！把蛋變更好吃的療癒系食譜／徒然花子著；黃薇嬪譯. -- 一版. -- 臺北市：悅知文化 精誠資訊股份有限公司,2023.04
160面；17×23公分
譯自：ツレヅレハナコの愛してやまないたまご料理
ISBN 978-626-7288-04-7（平裝）
1.CST: 蛋食譜
427.26　　112002516

建議分類｜生活風格、食譜

dp 悦知文化
Delight Press

線上讀者問卷 TAKE OUR ONLINE READER SURVEY

即使是平凡的水煮蛋，
也能夠從中嘗到
各種滋味與口感。

——《親愛的蛋料理100》

請拿出手機掃描以下QRcode或輸入
以下網址，即可連結讀者問卷。
關於這本書的任何閱讀心得或建議，
歡迎與我們分享 ︶

https://bit.ly/3ioQ55B

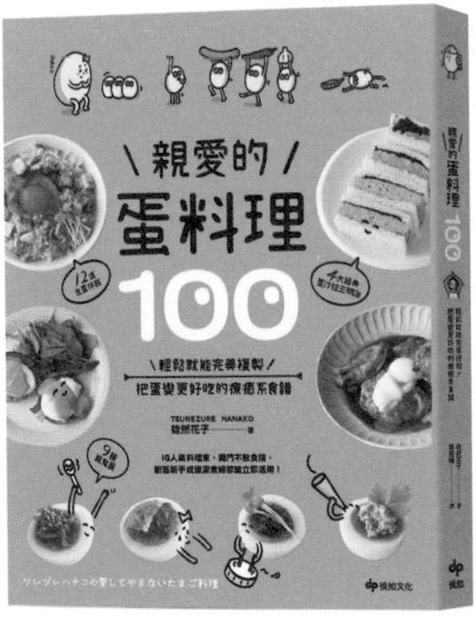